Duden

Abiwissen

Biologie

Evolution und Ökologie

Dudenverlag
Mannheim · Zürich

Bibliografische Information der Deutschen Nationalbibliothek
Die Deutsche Nationalbibliothek verzeichnet diese Publikation in der Deutschen Nationalbibliografie; detaillierte bibliografische Daten sind im Internet über http://dnb.ddb.de abrufbar.

 D C B A

Redaktionelle Leitung: Simone Senk
Redaktion: Dipl.-Biol. Elke Schindler
Autor: Prof. Dr. Wilfried Probst
Grafiken: Silke Otto, Robert Turzer

Herstellung: Andreas Preising
Layout: Horst Bachmann
Umschlaggestaltung: Hemm-communication.design, Filderstadt
Satz: Kösel, Krugzell
Druck und Bindung: Heenemann GmbH & Co., Berlin
Printed in Germany

ISBN 978-3-411-74101-4

1 Evolution

2 Ökologie

1
Evolution

Die heute auf der Erde lebenden Organismen haben sich in langsamer steter Abwandlung aus früheren entwickelt. Am Anfang dieser Entwicklung standen einfach gebaute Formen, diese wiederum sind aus anorganischen Vorstufen entstanden. Die Entwicklung des Lebens auf der Erde von den Anfängen bis in die Gegenwart wird als **Evolution** bezeichnet. Die Evolutionsforschung untersucht den Ablauf dieser Entwicklung und die Gesetzmäßigkeiten, die ihr zugrunde liegen.

1.1
Indizien für die Evolution der Organismen

Dass Evolution stattgefunden hat, wird von Naturwissenschaftlern heute kaum noch infrage gestellt, da sie durch eine überwältigende Fülle von Indizien gestützt wird und für viele Erscheinungen und Sachverhalte eine sehr gute Erklärung bietet. Nicht zuletzt haben die erstaunlichen Ergebnisse der DNA-Sequenzierung ganzer Genome die enge Verbundenheit aller Lebewesen unter Beweis gestellt: Von den etwa 25 000 Genen, die der genetischen Ausstattung sowohl der Art Mensch als auch der Art Hausmaus entsprechen, sind etwa 96 % identisch. Mit unserem nächsten Primatenverwandten, dem Schimpansen, haben wir sogar fast 99 % gemeinsame Gene. Die Entstehung der großen Formenvielfalt bei ähnlicher genetischer Grundausstattung ist dabei nicht so rätselhaft, wie dies zunächst erscheint. Die heutigen Kenntnisse, v. a. über diejenigen Gene, die Entwicklungsprozesse steuern (Entwicklungsgene, Master-Kontrollgene), lassen erkennen, dass die große Vielfalt durch Modifikation und Kombinatorik einfacher Grundformen zu erklären ist und damit letztlich vor allem auf Variationen im Verlauf der Keimesentwicklung beruht. Hierfür wurde das Schlagwort **Evo Devo** (von engl. **evo**lution and **dev**el**o**pment) geprägt.

1.1.1
Biochemische Gemeinsamkeiten

Fast alle Lebewesen verfügen über identische Stoffwechselwege (z. B. Energieübertragung durch Phosphorylierung, Glykolyse, Citronensäurezyklus). Dabei ist die Variationsbreite bei den ursprünglichsten Lebensformen (Bakterien und Archäen) am größten, bei Tieren und Pflanzen sind die Stoffwechselwege viel einheitlicher. Dies lässt sich gut damit erklären, dass höhere Lebewesen nur aus einem oder wenigen ursprünglichen Vorfahren hervorgegangen sind und den Nachfahren deshalb nur die biochemische Grundausstattung dieser Vorfahren zur Verfügung steht.

Der genetische Apparat ist bei allen Lebewesen prinzipiell gleich

Eine weitere auffällige Gemeinsamkeit aller Lebewesen ist der im Prinzip gleich funktionierende genetische Apparat, der immer auf einer Kooperation von Nucleinsäuren und Proteinen beruht. Der genetische Code, mit dem die Information der Nucleinsäuren in Proteine übersetzt wird, ist bei allen bekannten Lebewesen mit ganz geringen Einschränkungen derselbe. Das ist die Grundlage dafür, dass menschliche Erbanlagen, also Nucleinsäuremoleküle, auch in Mäuse und sogar in Bakterien eingebaut werden können, dort „verstanden“ werden und die Bildung bestimmter Proteine bewirken. Dies ist darüber hinaus nicht nur die Ausgangsbasis für künstlich hergestellte transgene Lebewesen, auch die für Zellen schädliche Wirkungsweise von Viren ist nur aufgrund dieser Übereinstimmung des genetischen Apparates möglich.

Das Genom enthält sowohl konservative als auch hochvariable Bereiche

Die abgestufte Ähnlichkeit der Proteine in Lebewesen wurde schon zu Verwandtschaftsuntersuchungen genutzt, ehe die genetischen Zusammenhänge bekannt waren. Nun lassen sich die Proteinverwandtschaften auf der Basis der Evolutionstheorie sehr gut über Nucleinsäureverwandtschaften erklären. Dabei haben sich Proteine und Gene für allgemein bei Lebewesen verbreitete Funktionsmoleküle – wie z. B. das Proteinenzym Cytochrom b der Atmungskette oder die Gene für ribosomale RNA – nur wenig verändert. Dies lässt sich damit erklären, dass ihre für die Enzymfunktion nötige Grundstruktur durch die Selektion stabilisiert wurde und nur solche Änderungen möglich waren, die diese Funktion nicht wesentlich beeinträchtigten. Deshalb eignen sie sich für die Darstellung der Verwandtschaft ganz verschiedener (evolutionsbiologisch weit voneinander entfernter) Gruppen von Lebewesen. Demgegenüber gibt es hochvariable Bereiche des Genoms, z. B. im Bereich der sogenannten repetitiven Sequenzen, die sich schon zwischen Individuen derselben Art unterscheiden, und die deshalb für den sogenannten genetischen Fingerabdruck genutzt werden können.

Basiswissen Gemeinsamkeiten der ATP-Bildung

Bei allen Lebewesen läuft die ATP-Bildung aus ADP und anorganischem Phosphat über eine membrangebundene **ATP-Synthase** ab, die den Protonengradienten an einer Membran nutzt, um die endergonische ATP-Bildung zu bewerkstelligen. Als Hauptlieferant für ATP hat die ATP-Synthase somit eine Schlüsselstellung unter den Enzymen inne.

Bei Tieren und Pflanzen läuft die ATP-Bildung in den Mitochondrien bzw. in Mitochondrien und Chloroplasten ab, bei Bakterien und Archäen an der Zellmembran. Die ATP-Synthasen ähneln sich bei allen Organismen sehr stark. Sie besitzen eine periphere Domäne auf der Seite der geringeren Protonenkonzentration (auch als N-Seite bezeichnet, da negativ geladen) und eine in die Membran integrierte Domäne mit einem Protonenkanal. Der dem Konzentrationsgefälle folgende Durchtritt der H^+-Ionen stellt die Energie für die ATP-Bildung bereit.

1.1.2 Keimesentwicklung

Aus der Keimesentwicklung eines Lebewesens können i. d. R. Rückschlüsse auf seine Phylogenie gezogen werden. Beispiele sind die auch bei Säugetieren im Embryonalstadium auftretenden Kiemenspalten oder die benadelten Jugendformen schuppenblättriger Zypressengewächse. CHARLES DARWIN (1809–1882) erkannte aufgrund übereinstimmender Larvenformen, dass die Seepocken zu den Krebsen gehören. ERNST HAECKEL (1834–1919) hat aus solchen Beobachtungen die von ihm als **biogenetisches Grundgesetz** bezeichnete Regel abgeleitet, nach der die Keimesentwicklung (Ontogenie) eine verkürzte Wiederholung der Stammesentwicklung (Phylogenie) ist.

Homöobox-Gene sind bei Eukaryoten vorkommende Entwicklungsgene

Eine Erklärung für die große Übereinstimmung früher Schritte der Embryonalentwicklung ergibt sich aus der abgestuften Verwandtschaft aller Lebewesen und aller Tiere sowie der Art und Weise, wie sich die Keimesentwicklung vollzieht. Entwicklungsgene werden über Genschalter gesteuert. Diese Schalter werden, von einem gemeinsamen Vorfahr ausgehend, zunehmend komplexer, wodurch immer wieder neue Variationen entstehen. Dabei führen Gene, die frühe Entwicklungsstadien betreffen, zu grundlegenderen Bauplanänderungen als Gene, die erst in späteren Entwicklungsstadien wirksam werden. Ein Beispiel für Entwicklungsgene, deren Produkte wiederum Schalter für andere Gene betätigen, sind die bei allen Tieren und sogar bei allen Eukaryoten vorkommenden **Homöobox-Gene.** Sie besitzen einen Bereich mit einer in allen diesen Organismen ähnlichen Nucleotidsequenz, der bei den zugehörigen Proteinen eine gleichartige Domäne codiert. Diese ist für die Bindung an den DNA-Schalter wichtig. Diese **Transkriptionsfaktoren** wiederum aktivieren in bestimmten Entwicklungsstadien weitere Gene und steuern dadurch z. B. die Ausbildung von Körpersegmenten und Organanlagen.

1.1.3 Rudimentäre Organe und Atavismen

Organe oder Strukturen ohne erkennbare Funktion sind bei vielen Arten als **Rudimente** (rudimentäre Organe) nachweisbar, z. B. der Beckengürtel bei Walen, die Augenreste bei Höhlentieren oder die Muskeln zur Ohrmuschelbewegung beim Menschen. Solche Rudimente sind dadurch erklärbar, dass sie von Strukturen abstammen, die bei stammesgeschichtlichen Vorfahren eine Funktion hatten.

Atavismen sind Rückschläge zu früheren Verhältnissen

Immer wieder kommt es bei einzelnen Individuen einer Art vor, dass Merkmale ausgeprägt werden, die an stammesgeschichtliche Vorfahren erinnern, z. B. eine schwanzartige Verlängerung des Steißbeins oder die Ausbildung weiterer Brustwarzen oder fellartiger Behaarung beim Menschen. Eine Erklärung dafür ist, dass die genetischen Grundmuster zur Ausbildung der bei stammesgeschichtlichen Vorfahren vorkommenden Struktur noch fast vollständig vorhanden sind und nur geringe genetische Veränderungen sie wieder zur Ausprägung bringen können. Dabei handelt es sich – wie man heute annimmt – um Mutationen an Entwicklungsgenen.

1

1.1.4 Homologien und Analogien

Schon vor der Annahme einer gemeinsamen Abstammung aller Lebewesen wurde zwischen homologen und analogen Strukturen unterschieden, wobei nur einander homologe Merkmale für eine Verwandtschaft zweier Organismengruppen sprechen.

Homologe Strukturen lassen sich auf einen gemeinsamen Grundbauplan, ein **einheitliches Konstruktionsprinzip,** zurückführen. So sind z. B. alle verschiedenen Glühbirnen, die sämtlich darauf beruhen, dass durch einen Metalldraht fließender Strom diesen zum Glühen bringt, einander homolog. Die verschiedenen Energiesparlampen beruhen nicht auf diesem Grundprinzip, sie sind deshalb den Glühlampen nicht homolog, dienen aber derselben Funktion. Glühbirne und Energiesparlampe sind deshalb analoge Konstruktionen. Das Auftreten von Homologien und Analogien bei Lebewesen verschiedener Arten findet durch die Evolutionslehre eine gute Erklärung: Die Greifhand eines Affen, der Flügel eines Vogels und die Vorderflosse eines Delfins zeigen eine klare Übereinstimmung in ihrer inneren Struktur. Diese Homologie, die sich trotz unterschiedlicher Funktionen aus der Bauplan-Übereinstimmung ergibt, lässt sich gut mit der Abstammung von einem gemeinsamen Vorfahren erklären.

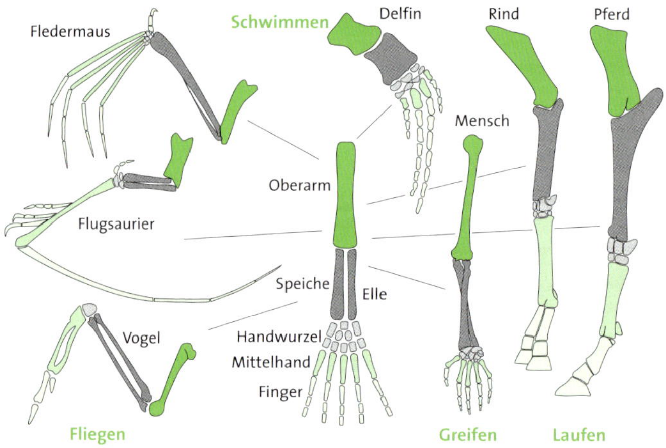

▶ *Homologe Knochen in den Vorderextremitäten von Wirbeltieren*

Analoge Strukturen gleichen sich in Form und Funktion, es liegt ihnen jedoch ein unterschiedliches Konstruktionsprinzip zugrunde. Auch ihr Auftreten lässt sich mit der Evolutionslehre sehr gut erklären, wenn man annimmt, dass sie durch gleichartigen Umweltdruck aus unterschiedlichen Anlagen entstanden sind **(Konvergenz).** Eine solche Entwicklung erklärt z. B. die ähnliche Körperform von Haien, Hochseefischen, Ichthyosauriern, Pinguinen und Delfinen als Anpassung an das schnelle Schwimmen im Wasser oder die ähnliche Flügelform von Flugsauriern und Albatrossen als Anpassung an das schnelle Fliegen. In letzterem Fall handelt es sich im weiteren Sinne auch um homologe Strukturen (Vordergliedmaßen), aber die spezielle Flügelform ist unter dem Selektionsdruck parallel entstanden. Man spricht in solchen Fällen statt von Konvergenz auch von **Parallelismus.**

Basiswissen **Homologiekriterien**

1. **Kriterium der Lage**
Gleichheit der Lage verschiedener Strukturen/Organe innerhalb eines Bauplans
2. **Kriterium der spezifischen Qualität**
Übereinstimmung verschiedener Strukturen in spezifischen Eigenschaften (in der Molekularbiologie z. B. Proteine mit sehr ähnlichen Aminosäuresequenzen)
3. **Kriterium der Verknüpfung durch Zwischenformen**
Extreme Ausbildungsformen einer Struktur können als homolog mit einer Grundstruktur erkannt werden, wenn Zwischenformen existieren.

1.1.5 Fossilien – Lebensspuren aus früheren Erdzeitaltern

Fossilien (von lat. fossilis ausgegraben) sind Lebensspuren aus vergangenen Erdepochen, die auf unterschiedliche Art und Weise entstanden sein können. Sie belegen durch Vergleich mit heutigen Lebewesen Formenwandel und Verwandtschaftsbeziehungen der Organismen im Verlauf der Erdgeschichte. Durch Altersbestimmung ermöglichen sie Aussagen über den zeitlichen Ablauf der Stammesgeschichte. Dabei spielen **Leitfossilien** eine wichtige Rolle. Sie müssen häufig vorkommen, auf eine kurze Epoche beschränkt und geografisch weit verbreitet sein.

Älteste Fossillagerstätten wie die Ediacara-Lagerstätte in Australien (ca. 630 Mio. Jahre alt), die Chengjiang-Fundstätte in Yunnan (China, ca. 520–525 Mio. Jahre alt) und die kanadische Burgess-Schiefer-Fundstätte (ca. 550 Mio. Jahre alt) enthalten dabei vorwiegend Tierformen, die von heutigen Formen weit entfernt sind. Jüngere Lagerstätten lassen zunehmend Formen erkennen, die heutigen systematischen Gruppen ohne Schwierigkeit zugeordnet werden können. Aus Fossilien kann abgeleitet werden, wann es z. B. die ersten Wirbeltiere, die ersten kiefertragenden Fische, die ersten Amphibien oder die ersten Reptilien gab. Von besonderer Bedeutung sind **Übergangsformen (Brückenorganismen),** die in ihrer Merkmalskombination eine Zwischenstellung zwischen großen Verwandtschaftsgruppen der Gegenwart einnehmen, wie z. B. der Urvogel *Archaeopteryx* und verschiedene gefiederte Dinosaurier. Aus besonders gut erhaltenen jüngeren Fossilien (z. B. Mammutkadaver aus Dauerfrostböden) können auch DNA-Reste gewonnen werden, die zur molekulargenetischen Verwandtschaftsforschung herangezogen werden können.

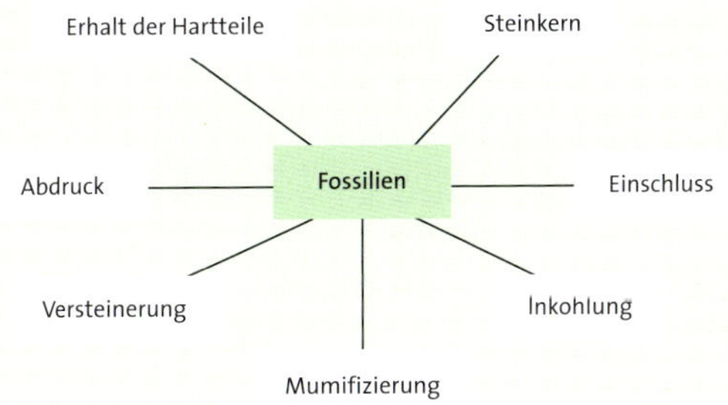

▶ *Formen der Fossilisation*

1

Basiswissen Belege für die Evolution als empirisch erwiesenes Prinzip

Fossilien

1. Wale lassen sich über mehrere gut erhaltene Übergangsformen auf landlebende Vorfahren zurückführen.
2. Aus Nordkanada beschriebene Wirbeltierfossilien hatten noch Kiemen, aber schon einen beweglichen Hals und amphibienähnliche Gliedmaßen.
3. Zahlreiche Saurierfunde in China dokumentieren die frühe Evolution der Vögel, der die Entwicklung eines Federkleides vorausging.
4. Entwicklungsbiologische Untersuchungen zur Zahnentwicklung ermöglichen Erklärungen der Zahnstrukturen und -anordnungen von Fossilien.
5. Untersuchungen zur Ontogenie des vorderen Wirbelsäulenbereiches aus der Neuralleiste lassen Schlussfolgerungen auf fossile Wirbeltiere zu.

Lebensraum

6. Durch Einwanderung in Flüsse sind aus marinen Fischarten neue Arten entstanden. Dies konnte z. B. für Stichlinge weltweit gut dokumentiert werden.
7. Die experimentelle Einführung einer großen räuberischen Echsenart auf sechs kleinen Inseln der Bahamas bewirkte bei kleinen Echsen *(Anolis)* eine Zunahme langbeiniger Männchen sowie größerer Weibchen (Anpassungsselektion).
8. An Wasserflöhen und ihren bakteriellen Parasiten konnte eine Coevolution von Pathogenität und Resistenz direkt nachgewiesen werden, da Wasserflöhe wie ihre Parasiten mehrere Jahre in einem Ruhestadium im Schlamm überdauern können. Bei den ältesten Proben waren Virulenz und Resistenz am geringsten.
9. An Kohlmeisen in England und in den Niederlanden konnte nachgewiesen werden, dass unterschiedliche Lebensbedingungen im Lebensraum einer Population zu morphologischen Differenzierungen führen, weil der Genaustausch zwischen den beiden Regionen geringer ist als innerhalb der Regionen.
10. Bei Guppies (kleinen Süßwasserfischen mit auffälligem Balzverhalten) auf Trinidad konnte nachgewiesen werden, dass seltene Farbvarianten eine höhere Fortpflanzungsrate haben als häufige, wodurch ein Farbpolymorphismus erhalten bleibt.
11. Die Kieferbewegungen von Schlangen und Muränen ähneln sich – bei beiden wird durch die Beweglichkeit des Kieferskeletts das Verschlingen großer Beutetiere trotz schmalen Körpers ermöglicht (konvergente Evolution).

Molekulare Prozesse

12. Bei Drosophila konnte nachgewiesen werden, dass die selektive Veränderung eines Gens als Nebenwirkung Einfluss auf Entwicklungsvorgänge haben kann, da das Gen im Genom außerdem regulatorische Aufgaben hat. Dadurch kann Mikroevolution mit Makroevolution verknüpft sein.
13. Die Sand-Klaffmuschel des Nordatlantiks entwickelt unter dem Einfluss giftiger einzelliger Algen (Saxitoxin-haltiger Dinoflagellaten) Giftresistenz. Wo diese Algen nicht auftreten, werden auch keine Saxitoxin-resistenten Muscheln gefunden.
14. An Hefestämmen konnte gezeigt werden, dass viele Gene Variationen in Reserve halten, die nur freigesetzt werden, wenn sie in ihrer Funktion eingeschränkt werden.

1.2 Der gemeinsame Ursprung der Lebewesen

Unter der Annahme, dass Lebendiges nicht von Anbeginn der Welt an vorhanden war, muss Leben aus Unbelebtem entstanden sein. Dieser Vorgang der ersten Entstehung von Lebewesen, die **Biogenese,** beschäftigte in der ersten Hälfte des 20. Jahrhunderts z. B. den Russen ALEXANDER IWANOWITSCH OPARIN (1894–1980), den Briten JOHN B. S. HALDANE (1892–1964) und den Amerikaner HAROLD C. UREY (1893–1981). Sie stellten Überlegungen zu den Voraussetzungen an, die für die Biogenese gegeben sein mussten, und sie versuchten auch, der Lösung dieses Problems experimentell näherzukommen.

1.2.1 Uratmosphäre, Ursuppe und andere Voraussetzungen

Eine Überlegung der ersten Biogenese-Forscher war, dass die Uratmosphäre der Erde nach ihrer Entstehung vor ca. 4,5 Milliarden Jahren aufgrund der damaligen physikalisch-chemischen Bedingungen anders zusammengesetzt war als heute. Aufgrund der Häufigkeit der Elemente im Kosmos kann angenommen werden, dass die Verbindungen Wasserdampf (H_2O), Ammoniak (NH_3) und Methan (CH_4) wichtige Gase in der Uratmosphäre waren, während reiner Sauerstoff (O_2) hingegen weitgehend fehlte.

Ließ die Uratmosphäre eine lebensspendende Ursuppe entstehen?

Könnte es in einer solchen „Uratmosphäre“ eher zur spontanen Entstehung von Lebendigem gekommen sein als unter heutigen Bedingungen? Dies wurde zum ersten Mal 1953 von STANLEY L. MILLER (1930–2007), einem Schüler UREY's, in einem Laborexperiment überprüft. In einem Glaskolben ließ er elektrische Entladungen auf ein Gasgemisch einwirken, das der angenommenen Uratmosphäre entsprach. Er konnte auf diese Weise Aminosäuren, die Bausteine der lebenswichtigen Eiweißstoffe, erzeugen. In der Folgezeit wurden MILLER's Experimente in verschiedenster Weise abgewandelt und ergänzt; dabei wurden auch Mineralien und als Katalysatoren wirkende Stoffe zugegeben. So konnten weitere wichtige Bausteine der Lebewesen hergestellt werden, wirkliche Lebewesen allerdings nicht. Weitere Bedingungen für die Lebensentstehung waren höhere Konzentrationen von höhermolekularen organischen Molekülen, wie sie in kleineren, abgeschlossenen Tümpeln entstehen konnten, man sprach von einer sogenannten **Ursuppe.** Aber auch die Adhäsion entsprechender Moleküle an die Oberflächen bestimmter Mineralien, wie Tone und Pyrit, könnten Voraussetzungen für die Biogenese fördernde Prozesse und Reaktionen gewesen sein.

Schwarze Raucher liefern neue Perspektiven für Theorien zur Biogenese

Schließlich eröffnete die Entdeckung untermeerischer Vulkanschlote den Vorstellungen zur Lebensentstehung neue Perspektiven. Die extremen Bedingungen in solchen schwefelhaltigen heißen Quellen beherbergen bis heute sehr spezielle Lebensgemeinschaften und manche dieser untermeerischen Vulkanquellen könnten durchaus die geeigneten Bedingungen für eine Biogenese geliefert haben. Neben den zunächst vor allem beachteten, sehr heißen sogenannten **Schwarzen Rauchern**

(Black Smokers) gibt es auch kältere untermeerische Vulkanquellen von kaum mehr als 100 °C, die zudem feine karbonathaltige Röhrensysteme ausbilden. Solche Röhren könnten ein präzelluläres Leben ermöglicht haben. In den feinen Röhren ist das Wasser alkalisch und reduzierend, während die frühen Ozeane der Erde sauer waren. Der Protonengradient ist noch heute wichtigster Energielieferant an Zellmembranen (vgl. Kasten S. 6) und könnte deshalb auch an solchen feinen Röhrenstrukturen eine katalytische Rolle bei der Lebensentstehung gespielt haben.

Kamen erste organische Moleküle durch Kometen auf die Erde?

Als weitere Möglichkeit wird schon seit über hundert Jahren diskutiert, dass das Leben die Erde aus dem Weltall erreicht haben könnte. Auftrieb erhielt diese früher als „Panspermie-Hypothese" bezeichnete Vorstellung durch die Entdeckung, dass flüssiges Wasser ein wichtiger Bestandteil der ca. 100 Milliarden Kometen unseres Sonnensystems ist. Für das flüssige Innere der Kometen sollen zum einen radioaktiver Zerfall, zum anderen die periodische Sonnennähe verantwortlich sein. Als sicher gilt, dass Kometen nach der Entstehung der Erde vor 4,5 Milliarden Jahren durch heftiges Bombardement Wasser auf die junge Erde brachten. Mit diesem Wasser könnten auch die ersten Lebenskeime auf die Erde gelangt sein. So konnten mithilfe der Kometensonde STARDUST 2009 einfache Aminosäuren, wie z. B. Glycin, aus dem Schweif des Kometen WILD 2 nachgewiesen werden.

Basiswissen **Das Problem der Homochiralität**

Viele organische Verbindungen, fast alle Aminosäuren und die Mehrzahl der Zucker, können in zwei zueinander spiegelbildlichen Strukturen, sogenannten **Enantiomeren,** vorkommen. Diese Strukturisomerie wird **Chiralität** oder **Händigkeit** genannt (von griech. cheir- = hand-). Die Enantiomeren unterscheiden sich ihren physikalischen Eigenschaften nach nur in dem Punkt, dass sie die Schwingungsrichtung linear polarisierten Lichtes entweder nach rechts oder nach links drehen. Chemisch unterscheiden sie sich nur in der Reaktion mit anderen enantiomeren Verbindungen.

Bemerkenswert ist, dass in Lebewesen nur Aminosäuren einer Chiralität auftreten, die nach der sogenannten Fischer-Nomenklatur als L-Form bezeichnet wird. Die anderen Enantiomeren, die D-Aminosäuren, sind biologisch inaktiv und zum Teil für lebende Organismen sogar giftig. Der evolutionsbiologische Ursprung dieser Homochiralität in Lebewesen ist bisher nicht geklärt. Eine Hypothese besagt, dass unter Weltraumbedingungen bevorzugt L-Aminosäuren entstehen. Dies ist bislang jedoch nicht bewiesen.

1.2.2 Der letzte gemeinsame Vorfahr aller Lebewesen

Die Allgemeingültigkeit des genetischen Codes rechtfertigt die Annahme, dass er nur einmal erfunden wurde, dass also alle Lebewesen von einem gemeinsamen Vorfahr abstammen. Wie könnte dieser Urahn allen Lebens ausgesehen haben?

Haben alle Lebewesen einen letzten gemeinsamen Vorfahr?

Auch DARWIN hat schon vermutet, dass es einen solchen Urvorfahr geben müsse. Auf die Frage, wie er ausgesehen haben könnte, konnte er jedoch noch keine begründete Antwort geben. Seit Wissenschaftler aber in der Lage sind, die gesamten Erbanlagen von Lebewesen zu entziffern, scheint dieses Ziel erreichbar. Die Erbanlagen, also die Gesamtheit seiner Nucleinsäuren, sind der Bau- und Arbeitsplan eines Lebewesens. Sie werden von Generation zu Generation weitergegeben, doch kommt es dabei immer wieder zu kleinen Änderungen und Neukombinationen. Wenn sich alle heute lebenden Arten auf eine Ursprungsart zurückführen lassen, müsste theoretisch nur nach Erbanlagen, also Nucleinsäureabschnitten, gesucht werden, die bei allen Lebewesen zu finden sind. Daraus könnten schon wichtige Rückschlüsse auf die Beschaffenheit des letzen gemeinsamen Vorfahren (auch als LUCA bezeichnet, von „**l**ast **u**niversal **c**ommon **a**ncestor") gezogen werden.

Viele Indizien sprechen für eine Ur-Lebensgemeinschaft

Diese Suche, die seit Beginn des neuen Jahrtausends intensiv betrieben wird, hat jedoch bisher zu keinem eindeutigen Ergebnis geführt. Es wurden nur sehr wenige (etwa 60) wirklich gemeinsame Erbanlagen (Gene) gefunden. Deshalb wird von verschiedenen Biogeneseforschern angenommen, dass der Anfang des Lebens auch etwas anders ausgesehen haben könnte: Vielleicht waren die Erbanlagen in einem Urzustand des Lebens noch nicht sehr eng an bestimmte Lebewesen gekoppelt, sondern eher Allgemeingut. Bis heute haben niedere Lebensformen, Bakterien und Archäen, die Fähigkeit, einzelne Erbanlagen untereinander auszutauschen. Eine Annahme ist deshalb, dass es gar keinen einzelnen Urahn gibt, sondern dass man von einer Ur-Lebensgemeinschaft von Individuen ausgehen muss, die alle einen großen Vorrat von Genen gemeinsam hatten. Innerhalb dieser Lebensgemeinschaft fand die genetische Trennung erst allmählich statt und die Schranken für einen Genaustausch wurden allmählich immer höher. Der häufige horizontale Genaustausch zwischen heutigen Prokaryoten wäre dann ein Überbleibsel des Urzustandes.

1.2.3 RNA-Welt

1986 wurde von WALTER GILBERT (*1932) zum ersten Mal die Hypothese aufgestellt, dass der Entstehung von Lebewesen eine RNA-Welt vorausging. RNA-Moleküle sind nicht nur zur Speicherung, Übertragung und Verdoppelung von genetischer Information in der Lage, als Ribozyme können sie diese Reaktionen auch katalysieren. So wirken die RNA-Bestandteile der Ribosomen als wesentliche Enzyme bei der Knüpfung der Peptidbindung im Rahmen der Translation mit.

Vermutlich entstand die RNA vor der DNA

Bei der DNA-Replikation werden RNA-Primer benötigt. Eine plausible Erklärung dafür wäre, dass die RNA zunächst der genetische Speicher war und erst später durch die DNA abgelöst wurde. Eine Stütze für diese Hypothese sind verschiedene Coenzyme, z. B. Coenzym A, NAD oder der Energieüberträger ATP, die aus RNA-Nucleotiden bestehen. Schließlich konnte von JOHN SUTHERLAND und Mitarbeitern 2009 nachgewiesen werden, dass die Bildung von Ribonucleotiden auf einem relativ einfachen Weg möglich ist, der auch unter abiotischen Bedingungen ablaufen könnte. Statt Ribose, eine Nucleinbase und Phosphat nacheinander zu verbinden, können Ribonucleotide in wenigen Reaktionsschritten aus den Molekülen Cyanamid, Cyanoacetylen, Glycolaldehyd, Glyceraldehyd und anorganischem Phosphat zusammengesetzt werden. Das sind alles Komponenten, deren Vorkommen auf der Urerde als wahrscheinlich gilt. Eine vergleichbar einfache Bildung von Desoxyribonucleotiden ist nicht möglich.

RNA und Proteine können einen Hyperzyklus bilden

Wenn die Nucleinsäure N die Bildung eines Proteins P begünstigt, das seinerseits die Replikation der Nucleinsäure katalysiert, kann sich zwischen solchen von MANFRED EIGEN (*1927) und PETER SCHUSTER (*1941) entdeckten und als **Hyperzyklus** bezeichneten Systemen eine Konkurrenz herausbilden, die zur Weiterentwicklung der Systeme führt. Mehrere Hyperzyklen können auch miteinander kooperieren. Hyperzyklen zeigen bereits einige Lebensmerkmale, wie Selbstvermehrung und Vererbung, Stoffwechsel sowie Mutationen und damit die Fähigkeit zur Evolution. Die tRNA beispielsweise veranschaulicht auch heute noch eindrucksvoll die mögliche Wechselwirkung von Nucleinsäuren und Aminosäuren bei der Proteinbiosynthese.

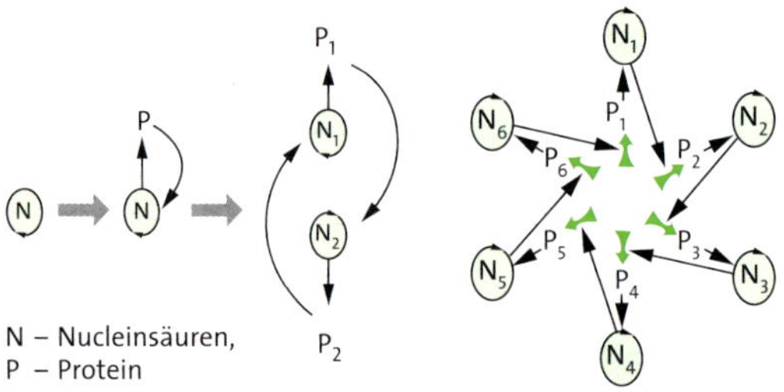

▶ *Bildung eines Hyperzyklus (links) und Kooperation mehrerer Hyperzyklen (rechts)*

Auch ohne Proteine können RNA-Moleküle miteinander kooperieren

Im Jahr 2009 konnten GERALD F. JOYCE und Mitarbeiter ein sich selbst katalysierendes System von zwei RNA-Enzymen entwickeln. Dabei katalysiert Ribozym A die Verdoppelung von Ribozym B und umgekehrt. In einer an Ribonucleotiden reichen Umgebung können so verschiedene Ribozym-Paare konkurrieren und evolvieren – ohne Beteiligung von DNA und Proteinen. Dies stellt eine Vereinfachung des von EIGEN entwickelten Modells eines Hyperzyklus dar. Proteine erwiesen sich im Verlauf der Evolution vermutlich als die besseren und anpassungsfähigeren Katalysatoren, sodass es zwischen Nucleinsäuren und Proteinen zu einer Funktionsteilung kam. Danach wurde auch ein Wechsel des Informationsspeichers von der RNA zur DNA möglich, die für katalytische Funktionen zwar weniger geeignet, dafür aber deutlich stabiler ist.

Basiswissen zur RNA-Welt (Manfred Eigen)

„Die frühesten Anfänge der RNA-Welt kann man sich als eine Mischung vergleichsweise kurzer, zufälliger RNA-Moleküle vorstellen, die in trägen, Matrizen gesteuerten Reaktionen mäßiger Kopiergenauigkeit aus energiereichen Monomeren entstanden und durch ungerichtete Prozesse (Hydrolyse) wieder zerfielen. Sobald eines dieser Moleküle zufällig replikationsfördernde katalytische Aktivität aufwies, auch wenn noch sehr unvollkommen, kam Beschleunigung ins Spiel, und es schloss sich eine hyperzyklische Rückkopplungsschleife – sofern nur der Negativstrang des Replikationsribozyms sich nicht beliebig weit von diesem entfernte. Das heißt, schon zu diesem frühen Zeitpunkt war Kompartimentierung des Systems mit einem großen selektiven Vorteil verbunden."

1.2.4 Evolution des Stoffwechsels

Andere Biogeneseforscher, wie z. B. Günter Wächtershäuser (*1938), stellen die Herausbildung von Stoffwechselreaktionen in den Vordergrund ihrer Überlegungen, in deren Mittelpunkt wiederum die bereits erwähnten untermeerischen Vulkanschlote (Schwarze Raucher) stehen.

Entstanden die ersten Organismen an Schwarzen Rauchern?

Einfache Stoffwechselreaktionen könnten an der Oberfläche von Eisen-Schwefel-Mineralien (v. a. Schwefelkies, FeS) entstanden sein, die sich an den Schwarzen Rauchern bilden. Es wird angenommen, dass solche hydrothermalen unterseeischen Quellen in der Frühzeit der Erde noch wesentlich häufiger waren als heute und dass sie eine kontinuierliche Energiequelle für die Bildung organischer Moleküle sein konnten. Entscheidend dabei ist, dass die organischen Moleküle mit den anorganischen Bestandteilen verbunden bleiben und es dadurch zu einer engen räumlichen Nachbarschaft dieser Moleküle kommt. Wächtershäuser spricht in diesem Zusammenhang von einem **Pionierstoffwechsel** und sogar von einem **Pionierorganismus,** den man sich als mehr oder weniger zweidimensionale Schicht organischer Moleküle vorstellen kann, die locker an einen metallhaltigen Mineralkörper gebunden sind. Bei der Entwicklung eines immer komplexeren Reaktionsnetzwerkes spielten positive Rückkoppelungen eine entscheidende Rolle: Wenn sich ein Reaktionsprodukt zufällig als förderlich für seine eigene Synthese erweist, wird sich dieser Reaktionsweg schnell verstärken. Die Konzentrationszunahme bestimmter Stoffe kann sich dann wieder entscheidend auf andere Reaktionswege und -zyklen auswirken. Wächtershäuser unterscheidet dabei zwischen einem direkten Evolutionsmechanismus, bei dem sich vor allem metallgebundene Peptide bilden, die ihre eigene Synthese fördern, und einem erst später hinzukommenden, indirekten Evolutionsmechanismus über Polynucleotide. Den Übergang soll ein Vorgang bilden, der der heutigen Translation vergleichbar ist. Auch für die Herausbildung von zellulären Strukturen mit Lipidmembranen waren nach Wächtershäuser die Grenzflächen zwischen dem anorganischen Unterbau und der angelagerten Schicht organischer Moleküle in wässriger Umgebung entscheidend.

1

Basiswissen **Schritte zu den ersten Lebewesen**

1. Bildung einfacher organischer Moleküle unter den Bedingungen auf der Früherde (reduzierende Atmosphäre aus H_2O, CO_2, N_2 und Spuren von H^+, H_2S, HCl, HF, HCN, CH_4, NH_3)
2. Bildung von Polymeren in wässrigem Milieu an elektrisch geladenen Oberflächen, z.B. an Pyrit
3. Entstehung von Systemen mit der Fähigkeit zur autokatalytischen identischen Replikation (RNA-Hyperzyklus)
4. Kompartimentierung durch Lipidmembranbildung
5. Umwandlung des RNA-Speichers in einen sichereren DNA-Speicher
6. Herausbildung von Transkription und Translation sowie DNA-Code
7. Verbesserung des Stoffwechsels durch Ausbau des Enzymsystems

1.3 Evolutionsfaktoren und ihre Wirkung

Charles Darwin und Alfred Russel Wallace (1823–1913) haben 1858 die **richtungslose Variabilität** der Organismen und die **natürliche Selektion,** d.h. die Anpassungsselektion, als die Kausalfaktoren der Evolution benannt. Als Ursache für die Formenvielfalt haben sie bereits die Aufspaltung einzelner Populationen in genetisch getrennte Tochterpopulationen **(Isolation)** erkannt. Allerdings hatten sie noch keine richtigen Vorstellungen über das Vererbungsgeschehen, insbesondere war Ihnen die Trennung von Erbanlagen und Merkmalen, also von Phänotyp und Genotyp, nicht bewusst. Deshalb konnten sie keine genaueren Aussagen zu den Zusammenhängen zwischen der Verteilung von Erbanlagen in Populationen und der Evolution machen. Diese Zusammenhänge wurden erst durch die **Synthetische Theorie der Evolution** erfasst.

Die Hardy-Weinberg-Regel gilt für ideale Populationen

Die Synthetische Theorie der Evolution beruht auf vielen verschiedenen Erkenntnissen aus der ersten Hälfte des 20. Jahrhunderts, insbesondere der Populationsgenetik, der Cytologie und der Biogeografie. Eine erste zusammenfassende Darstellung lieferte Julian Huxley (1887–1975) mit seinem 1942 erschienenen Werk „Evolution: The Modern Synthesis".

Untersuchungsgegenstand der Synthetischen Theorie ist die **Population,** also eine Fortpflanzungsgemeinschaft von Individuen einer Art, die in einem zusammenhängenden Verbreitungsgebiet zu finden sind, sowie der gemeinsame Genvorrat einer Population, ihr **Genpool.** Der englische Mathematiker Godfrey H. Hardy (1877–1947) und der deutsche Arzt Wilhelm Weinberg (1862–1937) fanden 1908 unabhängig voneinander die Gesetzmäßigkeit heraus, nach der die Genhäufigkeiten in einer sich sexuell fortpflanzenden Population von Generation zu Generation aufgrund der Vererbungsregeln konstant bleiben **(Hardy-Weinberg-Regel).** Sie gingen dabei von dem Modell einer sogenannten idealen Population aus, für die folgende Voraussetzungen gelten:

1. Es treten keine Mutationen auf.
2. Die Reproduktionsrate aller Individuen ist gleich groß.
3. Die Population besteht aus unendlich vielen Individuen.
4. Es findet keine Einkreuzung aus fremden Populationen statt.
5. Die Paarungschance ist für jedes mögliche Paar gleich groß.

Die Synthetische Theorie betrachtet nicht ideale Populationen

Die **Evolutionsfaktoren** der Synthetischen Theorie ergeben sich direkt aus der Umkehrung der Bedingungen für eine ideale Population. Wenn eine oder mehrere dieser Bedingungen nicht gegeben sind, verändern sich die Genhäufigkeiten im Genpool, und somit findet Evolution statt:

1. Es treten **Mutationen** und **Rekombinationen** des genetischen Materials auf (ungerichtete genetische Variabilität).

2. Die Reproduktionsraten der Individuen sind unterschiedlich: Individuen, die am besten an ihre Umwelt angepasst sind, haben die meisten Nachkommen **(Anpassungsselektion, „natürliche Zuchtwahl“).**

3. Die Population besteht aus einer endlichen Zahl von Individuen. Dadurch haben zufällige Ereignisse einen Einfluss auf den unterschiedlichen Fortpflanzungserfolg von Individuen **(Zufallsselektion, Gendrift).**

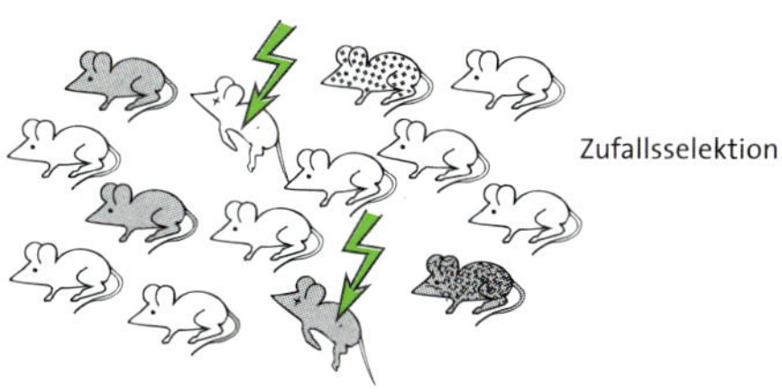

4. Es findet eine Einkreuzung aus fremden Populationen statt **(Genfluss, Migration).**

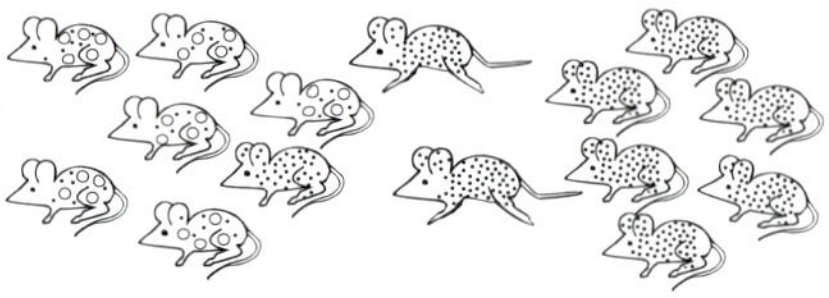

5. Die Paarungschancen für verschiedene mögliche Paare sind unterschiedlich **(Isolation).**

Die Faktoren eins bis vier bewirken eine genetische Veränderung innerhalb der Population und damit eine Chance zur Weiterentwicklung und Höherentwicklung. Der fünfte Faktor führt zur Aufspaltung der Populationen und damit zur Artneubildung.

1.3.1 Ungerichtete genetische Variabilität

Voraussetzung für einen darwinistischen Evolutionsprozess sind individuelle Unterschiede, die im Genotyp festgelegt sind. Diese Unterschiede treten ungerichtet auf, d.h., Umweltbedingungen haben keinen Einfluss auf die Art der Veränderung. Umwelteinflüsse werden erst wirksam, wenn die Veränderungen schon eingetreten sind.

Mutationen verändern die Erbsubstanz

Als **Mutation** werden spontan oder aufgrund bestimmter physikalischer oder chemischer Einwirkungen auftretende Veränderungen im Genotyp bezeichnet. Sie können ganze Genome (Anzahl der Chromosomen), die Struktur von Chromosomen oder nur kleine DNA-Abschnitte, oft nur einzelne Nucleotide, betreffen.

Wie Genomsequenzanalysen zahlreicher Arten von den Archäen bis zu den Säugetieren gezeigt haben, ist die Übereinstimmung im Aufbau und der Zusammensetzung der Genome viel größer, als vorher aufgrund der unterschiedlichen Erscheinungsformen vermutet werden konnte. Dabei hat sich gezeigt, dass es Genfamilien gibt, die auf Ursprungsgene zurückzuführen sind **(homologe Gene),** die sich verdoppelt und anschließend auseinanderentwickelt haben. Wenn sie dann im Organismus unterschiedliche Aufgaben erfüllen, heißen sie paralog (s. Seite 39).

Mutationen schaffen zum einen neues genetisches Material, das dann der Einwirkung der anderen Evolutionsfaktoren unterliegt. Zum anderen verändern sie durch bestimmte Mutationsraten die Häufigkeit bestimmter Allele im Genpool einer Population. Die meisten Mutationen sind schädlich. Eine niedrige Mutationsrate bedeutet daher einen Selektionsvorteil und deshalb haben sich im Laufe der Evolution schon früh **DNA-Reparaturmechanismen** entwickelt: Ein **Korrekturmechanismus** berichtigt die DNA-Fehler, sobald sie während der Replikation erzeugt werden, ein anderer korrigiert Basenfehlpaarungen sofort nach der Replikation, und ein dritter entfernt chemisch veränderte Basen bzw. Nucleotide unabhängig von der Replikation (**Excissions-** oder **Ausschneidereparatur,** weil die fehlerhaften Nucleotide ausgeschnitten und durch richtige ersetzt werden).

Rekombination multipliziert genetische Vielfalt

Wenn auch die Anzahl günstiger Mutationen gering ist, so kann ihr Zusammentreffen in einem Individuum durch **genetische Rekombination** wahrscheinlicher werden. Der wichtigste Rekombinationsmechanismus bei Eukaryoten ist die Rekombination (Austausch) zwischen homologen Chromatidenabschnitten während der Prophase 1 der **Meiose** durch **Crossing-over.** Rekombination ist also an **Sexualität** geknüpft. Darüber hinaus können bestimmte DNA-Abschnitte, sogenannte **Transposons,** innerhalb des Genoms ihre Position wechseln (transpositionale Rekombination).

Bei Prokaryoten – und in geringerem Umfang vermutlich auch bei Eukaryoten – kommt es auch zu **horizontalem Gentransfer.** Bei Prokaryoten kann dies über die direkte Aufnahme von DNA **(Transformation),** über die Übertragung von genetischem Material durch **Konjugation** zweier Zeller oder durch Viren **(Transduktion)** geschehen. Bei Eukaryoten sind solche Übertragungen vor allem über Retroviren denkbar, aber nur in wenigen Fällen sicher nachgewiesen. Mutationen in Regulatorgenen können Phänotypen stark verändern (s. auch Seite 28 f. und 34 f.).

1.3.2 Anpassungsselektion

Die Anpassungsselektion bewirkt, dass bestimmte Individuen einer Population aufgrund ihrer besseren „Tauglichkeit" **(Eignung, Fitness)** mehr Nachkommen haben als andere. Dabei geht es nicht um die absolute Zahl der Nachkommen, sondern nur um die Nachkommenzahl im Verhältnis zu anderen Populationsmitgliedern (deshalb wird auch von relativer Fitness gesprochen). Diese unterschiedliche Fitness der Phänotypen kann sich zum Beispiel auswirken beim Nahrungserwerb, bei der Flucht vor Räubern, bei der Resistenz gegen Parasiten und Krankheitserreger, bei der Toleranz gegen verschiedene Umweltfaktoren, beim Wettbewerb um einen Geschlechtspartner, beim Brutpflegeverhalten usw.

Anpassungsselektion ist entscheidend für die Plastizität der Lebewesen

Für die Plastizität der Lebewesen, mit der sie auf Umweltveränderungen reagieren können, aber auch für ihre zunehmende Komplexität (evolutive Höherentwicklung) ist die Anpassungsselektion der entscheidende Faktor. Da es sich bei diesem Vorgang um eine passive Anpassung handelt, ist es korrekter, statt von einer Anpassung der Lebewesen an ihre Umwelt, von ihrer **Angepasstheit** zu sprechen.

1

Die große Potenz der Anpassungsselektion wird deutlich, wenn man sich vor Augen hält, welche Möglichkeiten der Veränderung in der gezielten Auslese durch den Menschen im Rahmen der **Tier- und Pflanzenzüchtung** stecken. Die verschiedenen Rassen des Haushundes *(Canis lupus familiaris)*, die alle von der einen Stammart Wolf *(Canis lupus lupus)* abstammen, sind dafür ein Beispiel, das schon DARWIN anführte. Ebenso eindrucksvoll sind die verschiedenen Sorten des Gemüsekohls, die deutlich machen, dass praktisch jeder Teil des Vegetationskörpers züchterisch stark verändert und hervorgehoben werden kann, ganz nach den Nutzungsbedürfnissen.

Basiswissen Fitness und Selektionskoeffizient

Fitness: Haben die Genotypen AA, Aa und aa unterschiedliche Fortpflanzungschancen, dann unterscheiden sie sich in ihrer Fitness. Man setzt die Fitness W desjenigen Genotyps gleich 1, der die besten Chancen hat. Wenn von je 100 Individuen des Genotyps AA und Aa alle zur Fortpflanzung kommen, von 100 Individuen des Genotyps aa aber nur 20, dann haben die Genotypen AA und Aa die Fitness $W = 1$ und der Genotyp aa die Fitness $W = 0{,}2$.

Selektionskoeffizient: Für die Berechnung der Verteilung der Genhäufigkeit wird anstelle der Fitness oft der Selektionskoeffizient s eingeführt. Für die Genotypen AA und Aa sind s_{AA} und $s_{Aa} = 0$, da alle Individuen zur Fortpflanzung kommen. Für den Genotyp aa ist $s_a = 0{,}8$, da von 100 Individuen 80 nicht zur Fortpflanzung kommen. Allgemein gilt die Beziehung:

$$W = 1 - s$$

Sind der Selektionskoeffizient s und die Häufigkeit q_0 des Allels in der Ausgangspopulation bekannt, dann kann die Häufigkeit q in der folgenden Generation und in allen weiteren Generationen auf Grundlage der Hardy-Weinberg-Regel berechnet werden:

$$q_1 = \frac{q_0(1 - sq_0)}{1 - sq_0^2}, \qquad q_2 = \frac{q_1(1 - sq_1)}{1 - sq_1^2} \quad \text{usw.}$$

Je geringer die Häufigkeit eines rezessiven Allels (Gens) in einer Population ist, umso länger dauert es, bis sich die Selektion merkbar auswirkt. Um die Genhäufigkeit z. B. von 0,02 (2 %) auf 0,01 (1 %) zu senken, werden 50 Generationen benötigt. Soll die Genhäufigkeit noch einmal halbiert werden, dann sind weitere 100 Generationen notwendig. Daraus ist ersichtlich, dass bei rezessiven Erbleiden (z. B. Phenylketonurie) eugenische Maßnahmen nicht sehr wirkungsvoll sind: Werden die homozygoten, rezessiven Merkmalsträger von der Fortpflanzung ausgeschlossen, so führt dies in absehbarer Zeit zu keiner merklichen Häufigkeitsabnahme des Erbleidens. Veränderungen durch eine Erhöhung der Mutationsrate sind viel gefährlicher.

Eine selektive Kraft kann die Veränderung einer Population auf drei verschiedene Arten und Weisen beeinflussen:

- durch stabilisierende Selektion
- durch gerichtete Selektion
- durch aufspaltende (disruptive) Selektion

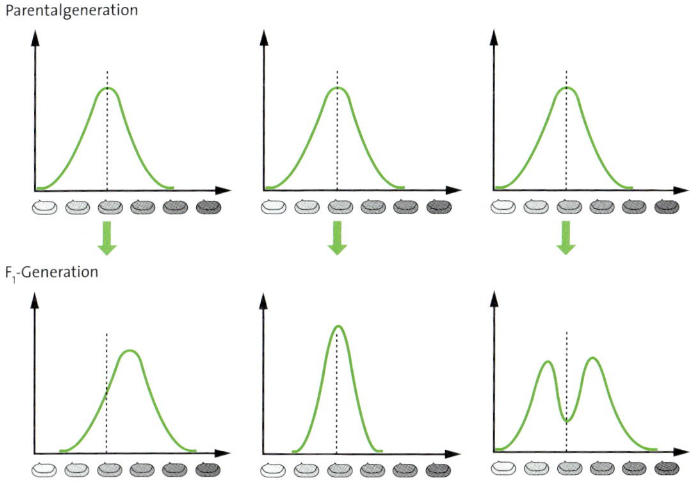

▶ *Von links: gerichtete, stabilisierende und aufspaltende Selektion*

Stabilisierende Selektion erhält das Bewährte

Bei konstanter Umwelt werden durch Selektion vor allem die Extreme eliminiert. Dadurch wird die Variation der Genotypen vermindert, die Selektion wirkt der Veränderung entgegen. Viele Biotope haben sich im Laufe von Jahrmillionen nur wenig oder gar nicht verändert. Die besiedelnden Arten sind deshalb meistens sehr gut an die entsprechenden Umwelten angepasst. Die Chance, dass durch zufällige Veränderungen (Mutation und Neukombination) besser angepasste Formen entstehen, wird immer geringer. Hingegen wird die Wahrscheinlichkeit immer größer, dass solche Veränderungen zu einer schlechteren Eignung führen. Die natürliche Auslese wirkt deshalb in erster Linie beschränkend: Die Polymorphie wird verringert und damit auch die Vielseitigkeit des Genpools.

Unter unnatürlichen Bedingungen kann sich diese stabilisierende Wirkung der Selektion verringern. Eine große Uneinheitlichkeit ist die Folge: Die Fellfarbe von wilden Säugetieren etwa ist meist innerhalb einer Art bis auf Kleinigkeiten identisch, während bei **Haustierrassen** oft eine große Mannigfaltigkeit in der Färbung und Musterung der verschiedenen Individuen vorkommt. Dieses starke Variieren ist besonders für relativ ursprüngliche Domestikationsformen typisch (z.B. auch für sogenannte Landsorten der Nutzpflanzen). Starke züchterische Auslese kann dann wieder zu einer Vereinheitlichung führen.

In diesem Zusammenhang seien auch die sogenannten **lebenden Fossilien** erwähnt. So werden überlebende Arten aus Verwandtschaftskreisen bezeichnet, von denen die meisten Arten schon seit langer Zeit ausgestorben sind. Meist bewohnen sie heute nur noch sehr kleine Areale (als sogenannte Reliktendemiten), in denen offensichtlich so stabile Umweltbedingungen herrschen oder anderweitig wirkende Selektionsdrücke ausgeschaltet sind, dass sich diese Formen – infolge stabilisierender Selektion – fast unverändert über Dutzende oder sogar Hunderte von Jahrmillionen erhalten konnten (Beispiele: Stummelfüßer *Peripatus*, Zungenmuschel *Lingula*, Pfeilschwanzkrebs *Limulus*, Ginkgobaum *Ginkgo biloba*).

Gerichtete Selektion verändert durch Anpassung

Ändert sich die Umwelt einer Population, so bewirkt die Selektion eine Verschiebung der Phänotypen- und Genotypen-Häufigkeiten. Ein Indiz für die Wirksamkeit der gerichteten Selektion sind die großen Übereinstimmungen in Bau und Funktion, die unter dem Selektionsdruck derselben Umwelt oft parallel von Vertretern ganz unterschiedlicher Verwandtschaftsgruppen erworben wurden **(Konvergenz).** Hierzu einige Beispiele:

- Bei den verschiedensten Pflanzenfamilien wurde die Kakteenform (Stammsukkulenz, Reduktion der Blätter zu Dornen) in Anpassung an eine wüstenhafte Umwelt entwickelt.
- Häufig wird der stärkste Selektionsdruck von Räubern ausgeübt. Eine kryptische oder die Umrisse auflösende Form und Zeichnung, die den Räubern das Ausmachen der Beute erschwert, hat sich deshalb bei vielen Tieren durch Räuberselektion herausgebildet **(Mimese).** Bei den Pflanzen zeigen die „Lebenden Steine" (Mesembryanthemaceae) eine ähnliche Tarntracht, die sie vor Herbivoren schützt. Bei Räubern kann eine solche Tarnung umgekehrt einen Vorteil beim Beuteerwerb bedeuten, z. B. bei Lauerjägern.
- Eine besondere Form der Schutzanpassung wird **Mimikry** genannt. Entweder ahmen harmlose bzw. genießbare Arten ungenießbare bzw. für den Räuber gefährliche Arten nach **(batessche Mimikry),** oder verschiedene giftige, ungenießbare oder gefährliche Arten besitzen dieselbe Warntracht und profitieren damit alle vom einmaligen Lernvorgang des Räubers **(müllersche Mimikry).**
- Auch besondere Warn- oder Schreckfärbungen und Muster – etwa die Augenmuster von Schmetterlingen und Raupen, die dem Räuber plötzlich präsentiert werden und den Kopf eines großen Tieres vortäuschen – müssen durch gerichtete Selektion entstanden sein. Sie stellen für den Räuber eine Feindattrappe dar und schrecken ihn ab.

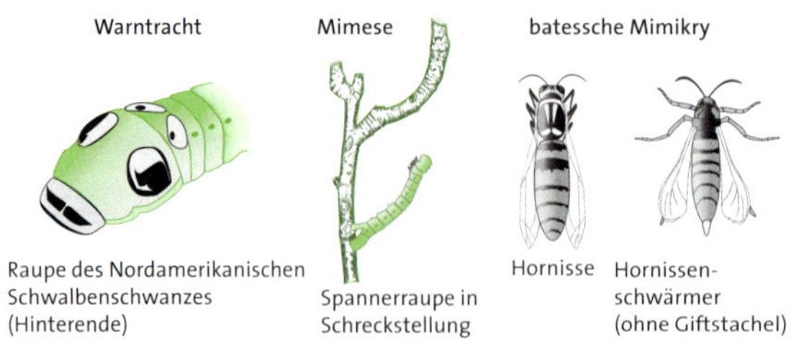

▶ *Beispiele für Mimese, Warntracht und Mimikry*

Durch das Wirken der gerichteten Selektion über Millionen von Generationen wurden die erstaunlichsten Anpassungen möglich, die genannten Beispiele sind nur ein ganz bescheidener Ausschnitt. Besonders eindrucksvoll sind vor allem die wechselseitigen Anpassungen von verschiedenen Organismengruppen, etwa von Blüten und den sie bestäubenden Insekten oder Vögeln, ein Phänomen, das als **Coevolution** bezeichnet wird.

Disruptive Selektion bewirkt Einnischung

Die disruptive Selektion führt zu der sogenannten **Einnischung (Annidation),** einem Prozess, der von manchen Evolutionsbiologen auch als eigener Evolutionsfaktor angesehen wird. Eine Variante, die in der Stammpopulation keine Entwicklungschance hat, da dort ihre relative Fitness geringer ist, kann in einer etwas anderen Umgebung besser angepasst sein. Während bei der gerichteten Selektion die zeitliche Änderung der Umwelt entscheidend ist, tritt hier die räumliche Umweltänderung in den Vordergrund.

Geraten – z. B. bei Arealvergrößerungen – Teile einer Population in neue ökologische Bedingungen, so werden sie dort durch scharfe Selektion dezimiert oder sogar vernichtet. Einige Individuen können jedoch bestimmte Eigenschaften besitzen, die in dieser neuen Umgebung von Vorteil sind. Sie sind sozusagen präadaptiert für diese neue Umwelt. Selbst wenn sie in der Hauptpopulation unterlegen sind, werden sich diese Typen in der neuen Umgebung erhalten und vermehren, da sie an die veränderte Nische besser angepasst sind.

Alle natürlichen Areale bestehen aus einer mehr oder weniger großen Zahl **ökologischer Nischen,** sodass auf die Gesamtpopulation unterschiedliche Selektionsbedingungen einwirken. Die grafische Darstellung eines durch disruptive Selektion beeinflussten Merkmalskomplexes ergibt eine Kurve mit zwei oder mehr Maxima, wobei jedes Maximum einer Nische entspricht (s. Abbildung Seite 21).

Tritt bei dieser Form der Selektion auch noch eine bevorzugte Paarung zwischen Individuen desselben Genotyps hinzu, so leitet sie über zu einer ökologischen Isolation (s. Seite 25 f.).

Heterozygotenvorteil kann genetischen Polymorphismus fördern

Es gibt Fälle, in denen Heterozygote einen Selektionsvorteil gegenüber beiden Sorten von Homozygoten besitzen. In diesen Fällen bleibt der Polymorphismus innerhalb der Population immer bestehen.

Das klassische Beispiel ist eine monogene Erbkrankheit des Menschen, die sogenannte **Sichelzellenanämie.** Der Genotyp SS bildet normales Hämoglobin, beim Genotyp ss ist in der Proteinkette an der sechsten Stelle der Aminosäuresequenz statt Glutaminsäure Valin eingefügt. Dies hat zur Folge, dass die roten Blutkörperchen eine sichelförmige Gestalt annehmen und sich dadurch der Sauerstofftransport so stark verschlechtert, dass die homozygoten Träger des Sichelzellgens in der Regel nicht lebensfähig sind. Trotzdem kann das Gen s lokal, etwa in Äquatorialafrika, bis zu 20 % Häufigkeit in der Bevölkerung erlangen. Dies hängt damit zusammen, dass die lebensfähigen heterozygoten Träger des Gens (Ss) resistent gegen Malaria sind. In Malariagebieten besitzen sie deshalb einen Selektionsvorteil, der den Nachteil des schlechteren Sauerstofftransports überwiegt.

Durch geschlechtliche Selektion entstehen scheinbar sinnlose Formen

Als Argument gegen die Wirksamkeit der Anpassungsselektion wird oft vorgebracht, dass es sehr viele sozusagen sinnlose Formen und Organe gibt, die ihren Trägern im „Kampf ums Dasein" keinen Vorteil oder eher sogar Nachteile bringen. Hierzu einige Beispiele:

- Hirsche bilden jedes Jahr neu gewaltige Geweihe. Dies belastet zum einen den Gesamtstoffwechsel, zum anderen verlangt ihr enormes Gewicht eine überdimensionierte Nackenmuskulatur und macht ihre Träger schwerfällig. Besonders groß war das Geweih des ausgestorbenen Riesenhirsches (Gattung *Megaloceros*) mit einer Spannweite von bis zu 3,70 m.
- Die Schwanzfedern des männlichen Pfaus sind beim Flug hinderlich, da zu lang.
- Exzessive Vergrößerungen des ersten Brustsegments bei zikadenartigen Insekten (Familie Membracidae, Buckelzirpen) behindern diese Insekten bei der Fortbewegung.
- Die riesigen, geweihförmigen Mandibeln männlicher Hirschkäfer sind eigentlich „Materialverschwendung" und stellen eine „unnötige" Behinderung für ihre Träger dar.

Viele solcher **Exzessivorgane** sind auf männliche Tiere beschränkt. Bei der Konkurrenz um den Geschlechtspartner schneiden die Männchen mit den auffälligsten Farbmustern, dem größten Geweih usw. am besten ab. Sie haben entweder die besten Auslöser für das Paarungsverhalten der Weibchen (intersexuelle Selektion, z. B. beim Pfau) oder sind am besten gerüstet für Rivalenkämpfe (intrasexuelle Selektion, z. B. bei den Hirschen). Für die Bildung aller Exzessivorgane, die auf das männliche Geschlecht beschränkt sind, dürfte diese **geschlechtliche Zuchtwahl,** die schon DARWIN als die Ursache des weitverbreiteten geschlechtlichen Dimorphismus erkannte, entscheidend sein.

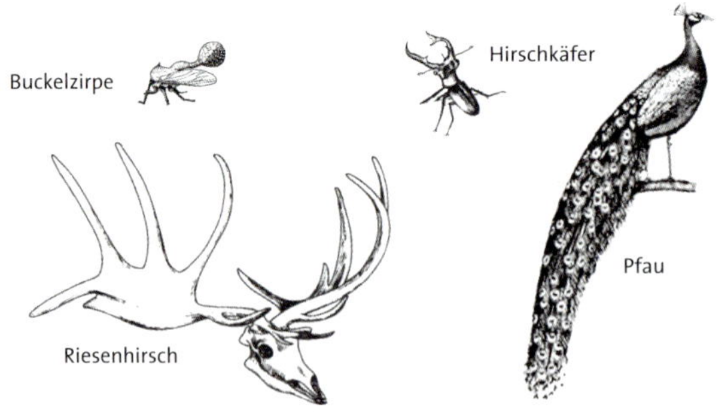

▶ *Beispiele für durch geschlechtliche Zuchtwahl entstandene Exzessivorgane*

1.3.3 Gendrift – zufällige Veränderung des Genpools

Mithilfe der Hardy-Weinberg-Regel können Aussagen über Wahrscheinlichkeiten getroffen werden. Das heißt, sie trifft genau nur für unendlich viele Ereignisse zu, also für unendlich große Populationen. Zur Verdeutlichung dieses Problems: Wenn wir eine Serie von Würfen mit einer Münze machen, so ist die Wahrscheinlichkeit für einen bestimmten Wurf (Zahl oder Wappen) jedesmal 0,5 (50 %). Bei unendlich vielen Würfen müssten wir danach genau 50 % Würfe mit Zahl und 50 % Würfe mit Wappen erhalten. Bei zehn Würfen wird man aber nur relativ selten zu diesem Verhältnis kommen. Dagegen wird bei 1000 Würfen die Abweichung von diesem Erwartungswert nur gering sein.

Der Genpool kleiner Populationen wird stark durch den Zufall bestimmt

Nun zurück zu den Populationen: Je kleiner eine Population ist, desto größer ist bei der Verteilung der Gene auf die Tochterpopulation der Einfluss des Zufalls. Natürliche Populationen sind oft Größenschwankungen ausgesetzt. Oft überwintern z. B. nur wenige Individuen, die dann im nächsten Jahr die neue Population aufbauen. Die Auswahl dieser Stammväter ist meist mehr von Zufällen als von Angepasstheit abhängig. Besonders einschneidend kann die Zufallsauslese auch bei der Neubesiedelung isolierter Territorien sein. Es kann vorkommen, dass eine neue Population (etwa auf einer neu entstandenen Vulkaninsel) nur von einem einzigen eingewanderten, trächtigen Weibchen ausgeht. Die zufällige Zusammensetzung von dessen Genom bestimmt dann erst einmal die Genverteilung in der neuen Population. So kann schon zum Startzeitpunkt der Genpool dieser Tochterpopulation sehr stark vom Genpool der Ausgangspopulation abweichen, obwohl noch keinerlei Anpassungsselektion stattgefunden hat.

Ein wichtiger Ansatzpunkt für zufällige Selektion sei noch vermerkt: Da sowohl im weiblichen als auch vor allem im männlichen Geschlecht immer viel mehr Keimzellen gebildet werden, als zur Befruchtung benötigt werden, kommt es auch hierdurch schon zu einer ersten, weitgehend zufälligen Auslese.

1.3.4 Migration – Genzufluss aus anderen Populationen

Bedeutende Änderungen der Genfrequenz können schließlich auch durch Abwanderung aus einer oder Zuwanderung von Individuen in eine Population (bzw. bei Pflanzen durch Ausbreitung) erreicht werden, da dann Einkreuzung aus fremden Populationen stattfindet. Hierbei werden unterschieden:

- **intraspezifischer Genfluss** zwischen geografisch oder ökologisch getrennten Populationen derselben Art und
- **interspezifischer Genfluss** (Hybridisierung, Bastardierung). Dieser Fall ist zwar seltener, seine Auswirkungen sind aber besonders drastisch. Vor allem bei der Evolution höherer Pflanzen dürfte Hybridisierung (neben Allopolyploidie, s. Seite 27) bei der Bildung neuer Arten eine wichtige Rolle spielen. Es wird geschätzt, dass praktisch alle Kulturpflanzen und mehr als die Hälfte der Sprosspflanzen durch Allopolyploidie und Hybridisierung entstanden sind.

1.3.5 Isolation spaltet Populationen auf

Während die vorher genannten Evolutionsfaktoren in den meisten Fällen (ausgenommen Bastardierungen und Genommutationen bei Pflanzen) nur zu einer Veränderung innerhalb der Population führen, ist **Isolation** der Evolutionsfaktor, der zur Auftrennung der Arten und damit letztlich zur Formenmannigfaltigkeit der Lebewesen führt.

1

Basiswissen **Biologischer Artbegriff**

Eine natürliche biologische Art umfasst alle Populationen oder Individuen, die einer (potenziellen) Fortpflanzungsgemeinschaft angehören. Sie ist aufgrund der gemeinsamen Herkunft ihrer Individuen morphologisch, physiologisch und ökologisch von allen anderen Fortpflanzungsgemeinschaften unterschieden.

Diese Unterschiede beruhen auf einer **genetischen Isolation** (reproduktive Isolation). Arten sind somit geschlossene genetische Systeme. Wenn auch von vielen Biologen betont wird, dass Arten objektive Realitäten seien, so muss dies allerdings, aufgrund der fließenden Übergänge von unvollständig isolierten Teilpopulationen bis hin zu echten Arten, eingeschränkt werden. Eindeutig ist nur die theoretische Definition, praktisch sind Arten in den allermeisten Fällen nur sehr subjektiv verstandene Einheiten. Hinzu kommt eine weitere Schwierigkeit: Der biologische Artbegriff kann nur für sich sexuell fortpflanzende Populationen verwendet werden, die sich nicht – oder wenigstens nicht ausschließlich – selbst befruchten.

Gerade bei *Blütenpflanzen* sind jedoch **Autogamie** (Selbstbefruchtung) und **Apomixis** (ungeschlechtliche Fortpflanzung) sehr verbreitet. In solchen Gruppen gibt es eigentlich keine Arten im obigen Sinne, sondern nur **Klone,** d. h. einheitliche Abkömmlinge eines Individuums. Jedes Individuum ist genetisch isoliert und jede Mutation führt – streng genommen – zu einem genetisch neuen Klon.
Noch problematischer ist die Anwendung des biologischen Artbegriffs auf *Prokaryoten*, da es hier nicht selten zum Genaustausch zwischen verwandtschaftlich weiter entfernten Individuen kommen kann **(horizontaler Gentransfer).**

Oft wird die Isolation durch räumliche Trennung bewirkt

Die geografische Aufspaltung einer Population kann durch Gebirgsbildungen, Vorstoß von Meeresarmen, Absenkung von Festland unter Meeresniveau, vulkanische Inselbildungen oder Klimaveränderungen bewirkt werden. Besonders auffällig ist die **geografische Isolation** auf Inselarchipelen oder Gebirgsstöcken. Hier kommt es vielfach zur Bildung von Unterarten und schließlich von neuen Arten. Da sie in geografisch getrennten Gebieten stattfindet, wird sie auch **allopatrische Artbildung** genannt. Beispiele sind: Darwin-Finken auf den Galapagosinseln, Dickblattgewächse der Gattung *Aeonium* auf den Kanarischen Inseln, Steinböcke in den eurasiatischen Tertiärgebirgen, Savannengiraffe und Okapi (Waldgiraffe) in Afrika.

Ökologische Isolation findet im gleichen geografischen Raum statt

Artbildung durch ökologische Isolation wird auch als **sympatrische Artbildung** bezeichnet. Lange Zeit war umstritten, ob sie wirklich möglich ist. Mittlerweile sind aber zahlreiche Beispiele bekannt geworden. Ökologische Isolation kann durch disruptive Selektion (s. Seite 23) eingeleitet werden. Es entstehen polymorphe Populationen, d. h. solche mit Anpassungen an unterschiedliche ökologische Nischen. Paaren sich die Individuen einer Nischenpopulation bevorzugt untereinander, beginnt damit die ökologische Isolation.

Fortpflanzungsbiologische Isolation kann auch dadurch zustande kommen, dass Paarungszeiten von verschiedenen Individuengruppen nicht mehr übereinstimmen oder dass Veränderungen bei Sexuallockstoffen, Farbmustern oder Balzverhalten eine erfolgreiche Paarung verhindern. Bei Blütenpflanzen konnten Fälle von Artbildung nachgewiesen werden, die darauf beruhen, dass Veränderungen in der Morphologie der Blüten dazu führten, dass sie von anderen Arten bestäubt wurden.

Auch die **Hybridisierung (Bastardierung)** kann zur sympatrischen Artbildung führen. So konnte nachgewiesen werden, dass es durch eine eingeführte neue Pflanzenart zur Hybridbildung von zwei Bohrfliegenarten kam, die sich vorher nur auf zwei getrennten Distelarten paaren konnten. Besonders häufig ist Artbildung durch Bastardierung bei Blütenpflanzen nachgewiesen, und zwar durch **Allopolyploidie.**

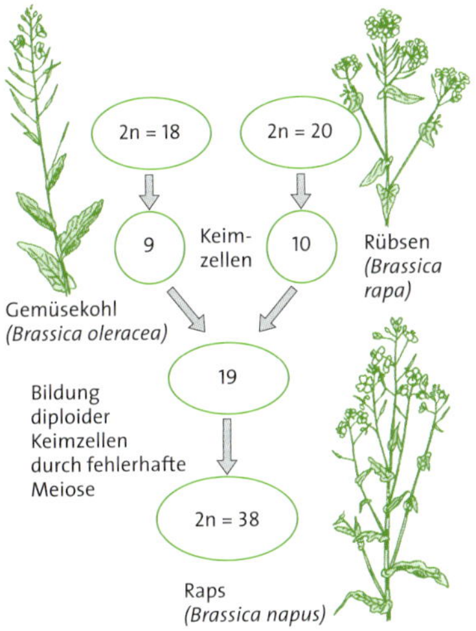

▶ *Allopolyploidie am Beispiel der Entstehung von Raps*

Die Artbildung bei Parasiten folgt häufig der Artbildung bei ihren Wirten. Dies kann auch als besondere Form der geografischen Isolation aufgefasst werden.

1.3.6 Weiterentwicklung der Synthetischen Theorie

Mit der Formulierung der Synthetischen Theorie war die Erforschung der Evolutionsfaktoren nicht abgeschlossen. Ergänzungen bzw. Erweiterungen betreffen vor allem folgende Bereiche:

- Die Kooperation und die Evolution durch Symbiose (**Symbiogenese,** s. Seite 29 f.) dürfte eine genauso wichtige Rolle im Evolutionsgeschehen spielen wie die Konkurrenz.
- Lebewesen werden nicht nur an Umwelten angepasst, sie verändern diese auch aktiv **(Nischenbildung).**
- Die Möglichkeit der Tiere, aufgrund von Wahrnehmungsapparat und Bewegungsfähigkeit aktiv bestimmte Umwelten auszuwählen, hat Rückwirkungen auf ihre genetische Substanz und damit auf ihre Evolution. In besonders starkem Maße gilt dies für den Menschen **(Traditionsbildung, Kulturevolution).**

- Evolution ist ein dynamischer Prozess. Es geht nicht darum, dass sich ein Gleichgewicht zwischen Population und Umwelt einstellt, sondern darum, dass ständig wechselnde Bedingungen stetigen Wandel verursachen.
- Die vielfältigen regulatorischen Prozesse im Genom und sein modularer Aufbau führen zu einer engen Wechselwirkung zwischen Phylogenie und Ontogenie („Evo Devo“, s. u.).

Die Neutralitätstheorie betont die Rolle des Zufalls

In manchen Fällen spielt die Zufallsselektion eine größere Rolle als die Anpassungsselektion. Dies gilt z. B. für Veränderungen in der Aminosäuresequenz von bestimmten Enzymen, die keine erkennbare Auswirkung auf deren Funktion hat (Isoenzyme). Solche neutralen Mutationen breiten sich ständig in Populationen aus, ohne durch Selektion beeinflusst zu werden. MOTOO KIMURA (1924–1994) entwickelte 1983 ein auf Diffusionsgesetzen basierendes Modell der Ausbreitung selektiv neutraler Mutationen in natürlichen Populationen.

„Eigennützige Gene“ erklären Sozialverhalten

Die Soziobiologie untersucht die genetischen Dispositionen für soziale Verhaltensweisen bei Tieren und Menschen. In diesem Zusammenhang prägte RICHARD DAWKINS (*1941) die Metapher des „egoistischen Gens“, dem sein Organismus (nur) als „Überlebensmaschine“ dient. Durch die Soziobiologie gelang es, auch altruistische Verhaltensweisen, die im Widerspruch zur Selektionstheorie zu stehen scheinen, naturwissenschaftlich zu erklären. Bei diesen Untersuchungen spielten zunächst staatenbildende Insekten eine wichtige Rolle: Das aufopferungsvolle Verhalten der Arbeiterinnen im Ameisenstaat kann damit erklärt werden, dass sie alle den gleichen Genbestand haben wie die Königin. Aber auch der selbstlose Einsatz von Menschen für ihre Kinder oder andere nahe Verwandte kann mit der sogenannten **Verwandtenselektion (Kin Selection)** evolutionsbiologisch begründet werden. Man kann dieser Auffassung vom Gen als der „Einheit der Evolution“ jedoch entgegenhalten, dass viele Merkmale, an denen die Selektion ansetzt, auf der komplizierten Wechselwirkung vieler Gene und nicht codierender DNA beruhen.

Genschalter sind so wichtig wie die Gene

Die große Übereinstimmung in der genetischen Ausstattung verschiedener, selbst verwandtschaftlich weit voneinander entfernter Arten deutet darauf hin, dass Änderung und Anzahl der Gene nicht hauptverantwortlich sind für die Unterschiede der Arten. Viele Unterschiede kommen im Laufe der Keimesentwicklung (Ontogenie) dadurch zustande, dass dieselben Gene bei unterschiedlichen Arten zu unterschiedlichen Zeiten und an unterschiedlichen Orten aktiviert werden. Die **evolutionäre Entwicklungsbiologie,** kurz auch als **Evo Devo** (s. Seite 5) bezeichnet, hat in den letzten Jahrzehnten gezeigt, dass ein Gen im Laufe der Keimesentwicklung nicht nur einmal an einer bestimmten Körperstelle aktiviert wird, sondern immer wieder an verschiedenen Stellen des sich entwickelnden Embryos.

Dabei sind für jeden Schaltvorgang unterschiedliche Schalter verantwortlich. Diese Schalter liegen in den nicht codierenden Bereichen der DNA. Es sind kurze DNA-Sequenzen, auf die jeweils bestimmte **Entwicklungsproteine** passen, wie ein

Schlüssel zum Schloss. Für jedes Gen gibt es zahlreiche verschiedene solcher Schalter. Die Kombination der Entwicklungsproteine, die an einer bestimmten Körperstelle auf die Genschalter einwirkt, bestimmt, ob das Gen aktiviert wird oder nicht. Dadurch können Körperachsen und Symmetrieebenen, aber auch Segmentierungen festgelegt und so die unterschiedliche Ausgestaltung von Segmenten bewirkt werden.

Dabei gibt es eine Hierarchie der Entwicklungsgene: Ein übergeordnetes Entwicklungsgen produziert ein Entwicklungsprotein für ein Entwicklungsgen einer tiefer liegenden Hierarchieebene, dieses wiederum für die nächst tiefere Ebene und so weiter, bis schließlich ein Gen eingeschaltet wird, das für die Bildung einer bestimmten Körperstruktur, z. B. von Knorpelsubstanz, verantwortlich ist.

Die Bedeutung dieser Schalter für die Evolution vielzelliger, modular aufgebauter Organismen ist offensichtlich: Veränderungen in einem Schalter eines Entwicklungsgens können zu evolutionär bedeutsamen Strukturveränderungen führen. „Die Evolution der Form hat vor allem damit zu tun, dass uralten Genen neue Tricks beigebracht werden.“ (SEAN B. CARROLL 2008)

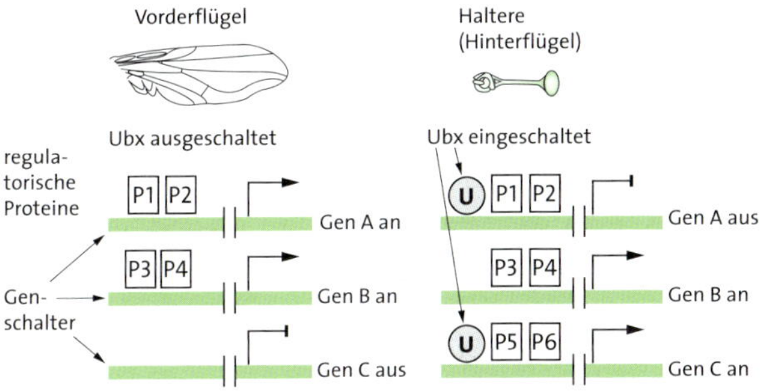

▶ *Wirkungsweise von Genschaltern. Ist das Hox-Gen Ubx eingeschaltet, wird das regulatorische Protein U gebildet. Es schaltet Gene so ein und aus, dass statt des Vorderflügels eine Haltere gebildet wird.*

Innere Vorgaben beschränken die Möglichkeiten der Evolution

Die sogenannte Kritische Evolutionstheorie wurde von WOLFGANG FRIEDRICH GUTMANN (1935–1997) und der „Frankfurter Schule“ in den 1970er-Jahren begründet. Sie betont die besondere Bedeutung innerer Vorgänge, die der Evolution Schranken auferlegen und eine bestimmte Richtung geben. Nach dieser Theorie werden Lebewesen als funktionierende Strukturen angesehen, die sich nur in ganz bestimmter Weise evolutiv verändern können, ohne ihre Funktion zu gefährden. Auch die Keimesentwicklung wirkt sich über eine innere Selektion auf Evolutionsprozesse aus. Zwar sehen sich die Anhänger der Kritischen Theorie im Gegensatz zu Darwinismus und Neodarwinismus, doch sind ihre Aussagen durchaus mit der Synthetischen Theorie kompatibel. RUPERT RIEDL (*1925) vergleicht das Verhältnis von innerer und äußerer Selektion mit demjenigen zwischen Betriebs- und Marktselektion bei Wirtschaftsunternehmen.

Symbiosen zwischen verschiedenen Arten können Neues hervorbringen

Die enge Kooperation von Lebewesen verschiedener Arten kann als wichtiger Antrieb der Evolution angesehen werden. Unter dem Aspekt der natürlichen Selektion und des unglücklichen und oft fehlinterpretierten Begriffs des „Kampfes ums Dasein" wurde die Bedeutung von Symbiosen für die Evolution der Lebewesen lange unterschätzt. Allerdings äußerte A. F. W. Schimper (1856–1901) schon 1883 die Vermutung, dass es sich bei den Plastiden der Pflanzen um endosymbiontische Algen handeln könnte, und die Flechtensymbiose wurde ebenfalls schon im 19. Jahrhundert (von Anton de Bary 1866 und Simon Schwendener 1869) nachgewiesen. Der russische Mikrobiologie Konstantin Mereschkowski (1855–1921) prägte 1909 den Begriff der **Symbiogenese** für die Entstehung neuer Arten durch Symbiose. Seit der zweiten Hälfte des 20. Jahrhunderts tritt v. a. die amerikanische Biologie Lynn Margulis (*1938) für die stärkere Berücksichtigung der Symbiose als wichtigem Motor der Evolution ein.

Lebewesen konstruieren ihre Nische

Unter der ökologischen Nische einer Art versteht man ihre Bedürfnisse und Verhaltensweisen gegenüber der belebten und unbelebten Umwelt, also die für die Art relevanten Umweltfaktoren. Jede Art existiert in ihrer spezifischen ökologischen Nische, die sich von den Nischen aller anderen Arten unterscheiden muss, da die Konkurrenz sonst zur Verdrängung einer Art führen würde **(Konkurrenzausschlussprinzip).** Das Verhältnis der Arten zu ihren Nischen ist allerdings kein passives. Vielmehr wirken Arten auch verändernd auf ihre Nischen ein, konstruieren sich ihre ökologischen Nischen. Diese Interaktion der Arten mit ihrer Umwelt wird besonders deutlich, wenn sie mit auffälligen Veränderungen der Umwelt verbunden ist, wie etwa die Dämme der Biber oder die Termitenbauten. Daraus folgt, dass auch die Anpassungsselektion ein Prozess mit Rückkopplungen ist und dass die Evolution als kontinuierlicher gegenseitiger Anpassungsprozess angesehen werden kann, bei dem nicht nur die Lebewesen, sondern die ganzen Ökosysteme verändert werden. An dieser Stelle treffen sich (Populations-)Genetik und (Populations-)Ökologie (s. Seite 59 f.).

1.3.7 Vorstellungen im Widerspruch zur Synthetischen Theorie

Zwar besteht ein breiter Konsens der Biowissenschaften über die grundsätzliche Gültigkeit der Evolutionstheorie auf der Basis der Synthetischen Theorie, doch gibt es – vorwiegend außerhalb der Naturwissenschaften – auch erhebliche Kritik, die bis zur völligen Ablehnung reicht.

Gibt es eine „Vererbung erworbener Eigenschaften"?

Im Gegensatz zu Darwin und Wallace nahm Jean Baptiste de Lamarck (1744–1829) an, dass die unter dem Umwelteinfluss erworbenen Eigenschaften eines Lebewesens an seine Nachkommen vererbt werden könnten. Darwin hat diese Möglichkeit selbst nie vollständig ausgeschlossen, aber Nachfolger Darwins, insbesondere der deutsche Biologe und Evolutionstheoretiker August Weismann (1834–1914), lehnten diese Möglichkeit kategorisch ab. In der Sowjetunion und in den sozialistischen Ländern wurden neolamarckistische Vorstellungen von Iwan W. Mitschurin (1855–1935) vertreten und später von Trofim D. Lyssenko (1898–1976) mit Unterstützung der kommunistischen Partei wiederbelebt. Dieser sogenannte Lyssenkoismus basierte allerdings auf gefälschten Versuchsergebnissen.

Bisher gibt es keinen nachgewiesenen Fall für die Vererbung erworbener Eigenschaften, dem eine Umkehr der Informationsübermittlung von einem Umweltfaktor über ein Protein zu einer Nucleinsäure zugrunde liegt. Horizontaler Gentransfer – insbesondere die Übertragung von Resistenzfaktoren bei Prokaryoten – hat im Ergebnis allerdings eine ähnliche Wirkung. Auch die Weitergabe von Genaktivitätsmustern über mehrere Generationen wurde z. T. als „Vererbung erworbener Eigenschaften" bezeichnet, ist aber ein „epigenetischer" Vorgang, bei dem die eigentliche genetische Information nicht verändert wird.

Gibt es ein morphogenetisches Gedächtnis der Natur?

Der britische Biochemiker und Naturphilosoph Rupert Sheldrake (*1942) vertritt die Hypothese, dass alle Formen der Natur, anorganische wie organische, eine Art „Gedächtnis der Natur" bildeten, das sich in einem sogenannten **morphogenetischen Feld** manifestiert. Durch Resonanz stehe jede Form mit diesem Feld in Verbindung. Je mehr Einzelformen es gäbe, desto stärker würde dieses spezielle morphogenetische Feld. Dadurch würde eine starke Kraft die Richtung der Evolution lenken. Es gibt bisher allerdings keinerlei empirische Beweise für ein solches Feld und seine Wirkung.

Gibt es einen Schöpfungsplan außerhalb der Naturgesetze?

Bis heute gibt es v. a. unter den Evangelikalen und den fundamentalistischen Christen in den USA sogenannte **Kreationisten,** die an einer wörtlichen Auslegung der biblischen Schöpfungsgeschichte festhalten. Eine Variante ist die **Intelligent-Design**-Bewegung. Ihre Anhänger vertreten im Unterschied zu den Kreationisten nicht die Ansicht, dass die Erde vor etwa 6 000 Jahren entstanden ist und alle Lebewesen in einem einmaligen Schöpfungsakt erschaffen wurden. Sie nehmen lediglich an, dass es sich bei dem gesamten Ablauf der kosmischen Evolution und der Entwicklung des Lebens auf der Erde um einen gesteuerten Vorgang handelt, der einem Schöpfungsplan folgt. Eine übernatürliche Intelligenz gäbe das Design des Evolutionsgeschehens vor.

Das Hauptproblem dieser Theorie liegt darin, dass damit viele Sachverhalte erklärt werden sollen, die naturwissenschaftlich bereits befriedigende Erklärungen gefunden haben, und dass naturwissenschaftliche Forschungen blockiert werden. Darüber hinaus gibt es Fragen, die von den Naturwissenschaften nicht geklärt werden können, z. B. die Frage nach dem Sinn des Lebens oder dem Ursprung allen Seins. Wenn Naturwissenschaftler dazu Stellung nehmen, tun sie dies außerhalb ihrer wissenschaftlichen Erkenntnisse.

1.4 Die Stammesgeschichte der Lebewesen

Die Evolutionsbiologie hat zwei grundlegende Fragestellungen:

- Welche Ursachen liegen der Evolution zugrunde (Faktorenfrage)?
- Welchen Verlauf hat die Evolution genommen (Stammbaumfrage)?

Bei der ersten Frage geht es um die kausalen Ursachen des Evolutionsgeschehens, bei der zweiten Frage um den historischen Ablauf, eben die Stammesgeschichte der

Lebewesen. Diese Naturgeschichte setzt sich zwar aus einmaligen Ereignissen zusammen, zu ihrer Rekonstruktion sind aber ebenso kausale Erklärungen notwendig und möglich.

1.4.1 Ablaufformen der Evolution

Artbildung kann schnell oder langsam erfolgen und viele oder nur wenige Gene betreffen. Dies hängt davon ab, wie die reproduktive Isolation abläuft. Die evolutiven Vorgänge und Veränderungen innerhalb einer Art werden als Mikroevolution, die Evolution höherer systematischer Einheiten als Makroevolution bezeichnet.

Makroevolution bezeichnet die Veränderungen oberhalb des Artniveaus

Neue Arten entstehen durch reproduktive Isolation. Wie in der Abbildung auf Seite 33 dargestellt, ist dieser Prozess jedoch im Allgemeinen kein Vorgang, der durch ein einmaliges Ereignis abgeschlossen wird. Vielmehr kann es mehrfach zur Isolation und anschließend zur erneuten Vereinigung von Teilpopulationen kommen. Diese Prozesse und andere populationsgenetische Veränderungen, die innerhalb einer Art stattfinden, werden **Mikroevolution** genannt. Wenn durch reproduktive Isolation die Unterschiede zwischen den getrennten Populationen so groß geworden sind, dass sie sich nicht mehr miteinander fortpflanzen können, sind zwei (oder mehr) neue Arten entstanden.

Die evolutiven Veränderungen innerhalb dieser neuen Arten gehen natürlich weiter. Zunächst kleine Unterschiede zwischen zwei Arten können sich im Laufe von Tausenden oder Millionen von Generationen zu großen Unterschieden entwickeln, sodass sich innerhalb der verschiedenen Entwicklungslinien sehr unterschiedliche Lebensformen entwickeln. Dabei kann es in einer Verwandtschaftsgruppe zu einer ständigen Zunahme der Artenzahl kommen, während in einer anderen Verwandtschaftsgruppe Aussterbeprozesse die Artenzahl reduzieren. Diese **Makroevolution** führt zu einer abgestuften Ähnlichkeit der Arten, die sich am besten durch ein hierarchisches System darstellen lässt. Die einzelnen Einheiten werden **Taxon** (Plural **Taxa**) genannt. Die **taxonomischen Kategorien** dieses Systems (in aufsteigender Reihenfolge: Art, Gattung, Familie, Ordnung, Klasse, Stamm, Reich, Domäne) sind jedoch außer der Art relativ willkürliche Festlegungen der Taxonomen.

Oberhalb des Niveaus der Artbildung können drei Typen des Evolutionsablaufs unterschieden werden:

- **Adaptive Radiation** beschreibt die starke Aufspaltung einer Stammart in einer adaptiven Zone (andere Bezeichnungen: Allogenese, Kladogenese).
- **Arogenese** beschreibt die evolutiven Veränderungen, die den Zugang in eine neue adaptive Zone ermöglichen (evolutiver Großübergang).
- **Stasigenese** beschreibt die lange andauernde Evolution einer wenig aufspaltenden Linie, die nicht zu neuen adaptiven Zonen führt. Sie wird durch lang anhaltende stabilisierende Selektion in einer konstanten Umwelt bewirkt. Die Folge sind urtümliche Lebensformen, die als **lebende Fossilien** bezeichnet werden.

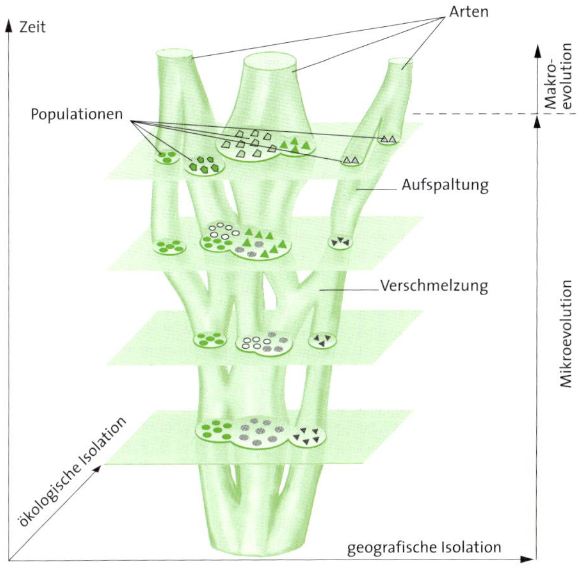

▶ *Mikroevolution und Makroevolution*

Adaptive Radiation bedeutet die Bildung neuer ökologischer Nischen

Die Möglichkeit, viele neue ökologische Nischen zu realisieren, kann sich durch unterschiedliche Voraussetzungen ergeben:

- Massenaussterben durch katastrophale Ereignisse
- Besiedelung von neu entstehenden Inselarchipelen, Seen oder Gebirgsstöcken
- Erreichen einer neuen adaptiven Zone durch evolutive Veränderung einzelner Arten oder Artengruppen

Entscheidende Voraussetzung für adaptive Radiationen sind neu zur Verfügung stehende „leere Räume“. Bei erdgeschichtlichen Katastrophen entstehen diese Freiräume dadurch, dass eine große Anzahl an Arten und ganze Verwandtschaftsgruppen ausgelöscht werden. So führte das Aussterben der Dinosaurier – vermutlich bedingt durch einen gewaltigen Meteoriteneinschlag am Ende der Kreidezeit (vor 65 Millionen Jahren) – zu einer starken adaptiven Radiation der bis dahin relativ artenarmen Säugetiere. Diese Zunahme betraf nicht nur die Artenvielfalt, sondern auch die Körpergröße. Insgesamt sind bisher fünf Perioden großen Massenaussterbens belegt.

Evolutive Veränderungen ermöglichen neue adaptive Zonen

Im kleinen, regionalen Maßstab entstehen solche Freiräume bei der Neubildung von Inseln und Inselarchipelen, auch bei der Entstehung neuer Seen oder der Neubildung von Gebirgsmassiven. Wenn einige Individuen einer Art eine neu entstandene Insel oder Inselgruppe besiedeln, kann es dort zu einer starken Artaufspaltung und Nischenbildung kommen, wenn keine Konkurrenzarten vorhanden sind. Klassische Beispiele sind die Galapagosinseln (Erdfinken, Korbblütlergattung *Scalesia*) oder das Hawaii-Archipel (Kleidervögel, Taufliegen, Silberschwert-Verwandtschaftsgruppe der Korbblütler).

Während es sich bei den genannten Fällen um reale geografische Räume handelt, können sich durch evolutive Änderungen, man könnte auch sagen „Neuerfindungen", für die veränderten Organismen völlig neue Möglichkeiten in einer alten Umgebung eröffnen. Anders ausgedrückt, erreichen einzelne Arten oder Artengruppen eine neue **adaptive Zone.** Als z. B. die ersten Pflanzen im ausgehenden Silur Eigenschaften erworben hatten, die ihnen die Existenz außerhalb des Wassers ermöglichten, hatten sie somit eine neue adaptive Zone erreicht. Dasselbe gilt für die ersten Gliederfüßer oder die ersten Wirbeltiere, die durch morphologisch-anatomische Veränderungen an Land leben konnten. Im Anschluss an die Kolonisation des Festlandes kam es jeweils zu einer starken adaptiven Radiation dieser Gruppen.

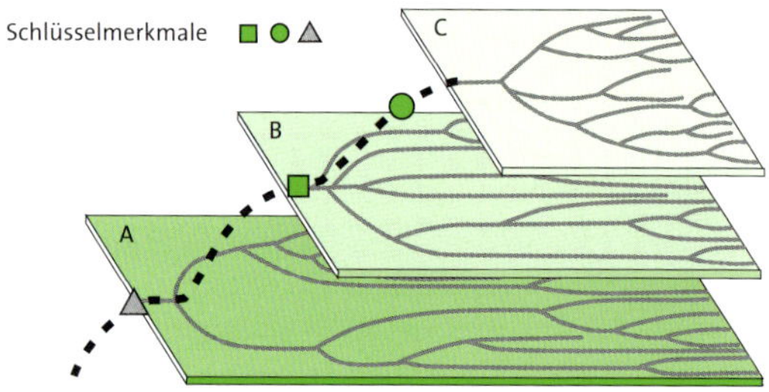

▶ *Beziehung von adaptiver Radiation und Arogenese*

Änderungen in Entwicklungsgenen können Ursache der Arogenese sein

Für die Herausbildung großer morphologisch-anatomischer und funktioneller Unterschiede zwischen höheren Verwandtschaftsgruppen sind vor allem sogenannte Entwicklungsgene verantwortlich. Diese Gene beeinflussen die zeitliche Koordination und die räumliche Differenzierung eines Organismus im Laufe seiner Individualentwicklung (Ontogenie). So hängt die Gestalt eines Organismus stark von den unterschiedlichen Wachstumsgeschwindigkeiten verschiedener Körperregionen ab.

Eine für evolutive Vorgänge besonders wichtige zeitliche Differenzierung betrifft die Entwicklung der Fortpflanzungsorgane in Relation zur übrigen Entwicklung. Werden bereits Larven fortpflanzungsfähig, wird die weitere Entwicklung abgeschnitten, und es kommt zu völlig neuen Formen. Bekanntes Beispiel für solch eine **Neotenie** oder **Pädomorphose** ist der mexikanische Axolotl, ein Molch, der normalerweise immer im Larvenstadium bleibt. Die europäische Parallele ist der dalmatische Grottenolm. Neotenie hat vermutlich auch bei der Evolution der Wirbeltiere aus ursprünglichen Chordatieren eine wichtige Rolle gespielt.

Homöotische Gene steuern die Ausbildung von Körperstrukturen

Entscheidende evolutive Veränderungen können auch dadurch zustande kommen, dass sich Gene verändern, welche die Ausbildung definierter Strukturen an bestimmten Körperabschnitten regulieren. Als besonders wichtig haben sich in diesem Zusammenhang die **homöotischen Gene (Hox-Gene)** herausgestellt. Diese Gene enthalten einen DNA-Abschnitt von ca. 180 Nucleotiden **(Homöobox),** der für eine bestimmte Domäne des von diesen Genen abhängigen Proteins verantwortlich ist. Diese **Homöodomäne** befähigt das Protein, an bestimmte DNA-Sequenzen zu binden und dadurch als Transkriptionsfaktor zu wirken. Dabei ist die Homöobox allerdings unspezifisch. Ihre spezifische Sequenzerkennung erhalten die Proteine erst durch andere, variable Domänen.

Die primitiven Chordatiere, Manteltiere und Schädellose, verfügen – gemeinsam mit den meisten Wirbellosen – über einen Cluster homöotischer Gene, den **Hox-Komplex.** Im Laufe der Evolution kam es mehrfach zu einer Verdoppelung des Hox-Komplexes. Moderne Wirbeltiere, von den Knorpelfischen bis zu den Säugetieren, besitzen vier Hox-Komplexe, die sich unterschiedlich weiterentwickelt haben.

Basiswissen **Genveränderung oder Regulationsveränderung?**

Die unterschiedliche Aktivität von Entwicklungsgenen kann große Auswirkungen haben, wobei grundsätzlich zwei verschiedene Formen von Veränderungen unterschieden werden können:

1. Veränderungen in Entwicklungsgenen
2. Veränderungen in der Regulation von Entwicklungsgenen

zu 1.: Eine **Veränderung in der Nucleotidsequenz** eines Entwicklungsgens kann dessen Funktion in allen Zellen beeinflussen, in denen es exprimiert wird. Ein bekanntes Beispiel ist das Hox-Gen Ubx, das bei ursprünglichen Gliederfüßern (z. B. Krebsen) die Beinbildung in den Abdominalsegmenten bewirkt, bei Insekten aber so verändert ist, dass es die Beinbildung in Abdominalsegmenten verhindert.
zu 2.: Die **Veränderungen der Genregulation** kommen durch Nucleotidveränderungen im nicht codierenden Bereich der DNA zustande, wenn zu dem Entwicklungsgen gehörende Enhancer mutieren. Dies hat zur Folge, dass das entsprechende Entwicklungsgen an anderen Stellen bzw. zu anderen Zeitpunkten „angeschaltet" oder „ausgeschaltet" wird. Ein untersuchtes Beispiel für eine solche Mutation mit Anpassungswert ist die unterschiedliche Entwicklung von Bauchstacheln bei marinen und limnischen Populationen des Dreistachligen Stichlings. Das verantwortliche Entwicklungsgen ist bei beiden Populationen vorhanden, wird aber bei der limnischen Population nicht exprimiert.

Evolution verfolgt kein bestimmtes Ziel

Evolutionäre Neuerungen gehen immer durch kleine Veränderungen aus bereits existierenden Strukturen hervor. Dabei kann es sowohl zu einer Funktionsverbesserung und Ausweitung als auch zu einem völligen Funktionswandel kommen. Ein Beispiel für den ersten Fall ist die Evolution der Lichtsinnesorgane von einfachen Fotorezeptoren bis hin zu komplexen Augen mit optischen Abbildungssystemen. Es ist mittlerweile bekannt, dass dabei das Regulatorgen **Pax-6** eine Schlüsselrolle spielt, indem es im Laufe sehr langer Zeiträume bei den unterschiedlichen Entwicklungslinien immer wieder neue Zellkomplexe unter seine Kontrolle brachte. Als Beispiel für den zweiten Fall können die Vogelfedern angeführt werden, die zunächst der Körperisolation und möglicherweise auch der Ausscheidung überschüssiger Stickstoffverbindungen dienten und erst später die wichtige formende Struktur für flugfähige Vogelkörper und insbesondere Flügel bildeten. Bei der Entstehung der ersten gefiederten Dinosaurier existierte das Ziel „Vogel" noch nicht.

Trends in der Evolution von Stammeslinien haben verschiedene Ursachen

Bei der Betrachtung von Fossilienreihen fällt auf, dass bestimmte Stammeslinien über Jahrmillionen denselben Entwicklungstendenzen folgten. So ist z. B. bei dem paläontologisch gut belegten **Stammbaum der Pferde** eine Tendenz zu erkennen, die vom hinten drei und vorne vier Zehen tragenden *Hyracotherium* zur heutigen einzehigen Gattung *Equus* führte. Parallel mit dieser Entwicklung zum Unpaarhufer wurden die Pferdearten immer größer. Eine Erklärung für einen solchen, als **Orthoevolution** bezeichneten, in eine Richtung verlaufenden Entwicklungstrend sind lange anhaltende, gleichgerichtete Umwelteinflüsse, bei den Pferdevorfahren z. B. die seit dem Miozän anhaltende Ausdehnung von Steppen und Savannen.

Daneben dürften auch noch andere Faktoren eine Rolle bei evolutionären Trends spielen. So ist jede Art eine Folge langer, stammesgeschichtlicher Entwicklung. Im Laufe dieser Entwicklung bedeutet jede Anpassung ein „Hinauswerfen" nicht angepasster Gene und damit eine Einschränkung des genetischen Potenzials. Je weiter eine Spezialisierung fortschreitet, desto enger wird die „evolutive Bandbreite". Es kann also eine positive Rückkopplung zwischen Angepasstheit und Spezialisierung in dieselbe Richtung geben.

Ein weiterer Effekt, der evolutionäre Trends begünstigt, könnte dadurch zustande kommen, dass mit zunehmendem Alter einer Stammeslinie durch Genverdoppelungen die Polygenie der Merkmale zunimmt. Damit werden zwar einerseits Gene sozusagen frei für neue Entwicklungen, andererseits wird bei Polygenie aber auch die Entwicklung eines Merkmals in eine ganz andere Richtung unwahrscheinlicher.

1.4.2 Stammbaumforschung

Die Stammbaumforschung versucht, die realen Verwandtschaftsverhältnisse der Arten aufzuklären. Daraus lässt sich dann ein „natürliches System" der Organismen ableiten. Seit DARWIN versuchen Systematiker und Evolutionsforscher solche natürlichen Verwandtschaftsbeziehungen aufzuklären. Lange Zeit waren diese Versuche jedoch von vielen Unsicherheiten, Spekulationen und Kontroversen begleitet. Erst die von WILLI HENNIG (1913–1976) in den 1950er-Jahren begründete **Kladistik** brachte eine methodische Verbesserung. Vor allem durch die Kombination von Kladistik mit molekulargenetischen Verfahren wurden in den letzten Jahrzehnten große Fortschritte in der Stammbaumforschung erzielt.

Die Methode der Kladistik dient der Aufstellung von Stammbäumen

Je mehr gemeinsame Vorfahren zwei Arten besitzen, desto enger ist ihre Verwandtschaft. In einem natürlichen System muss deshalb auch die gemeinsame systematische Einheit, der sie beide angehören, umso rangniedriger sein. Je größer die Anzahl der gemeinsamen Vorfahren, desto kürzer ist auch die eigenständige Entwicklung der beiden Arten.

Werden solche Untersuchungen für viele Arten durchgeführt, resultiert daraus ein Stammbaum für diese Arten, die grafische Darstellung eines hierarchischen Systems. Um einen Stammbaum aufstellen zu können, müssen Merkmale verglichen werden. In der klassischen Stammbaumforschung waren dies meist makroskopische oder mikroskopische Strukturmerkmale (z.B. Zehenanzahl, Zahnformeln, Blütenmerkmale), in der heutigen molekularen Stammbaumforschung werden sie durch molekulargenetische Merkmale (Nucleotidsequenzen) ergänzt oder auch ersetzt. Die prinzipielle Vorgehensweise bleibt jedoch die gleiche.

Ursprüngliche und abgeleitete Merkmale

1. Merkmalsausprägungen, die in einer monophyletischen Gruppe ursprünglich vorhanden sind und die innerhalb der Gruppe abgewandelt werden können, werden als plesiomorph bezeichnet **(Plesiomorphie).**
2. Abgeleitete Merkmalsausprägungen, d.h. evolutive Neuheiten, werden als apomorph bezeichnet **(Apomorphie).**
3. Treten ursprüngliche Merkmale gemeinsam bei verschiedenen Arten (o.a. Taxa) auf, so werden sie symplesiomorph genannt **(Symplesiomorphie).**
4. Gemeinsam bei verschiedenen Arten (o.a. Taxa) auftretende abgeleitete Merkmalsausprägungen heißen synapomorph **(Synapomorphie),** Taxa mit synapomorphen Merkmalen werden als **Schwestertaxa** angesehen.

Nur der gemeinsame Besitz abgeleiteter Merkmale bei verschiedenen Arten ist ein Beweis für deren nähere Verwandtschaft. Gemeinsames Auftreten ursprünglicher Merkmale sagt nichts über die Verwandtschaft aus und kann daher bei der Aufstellung eines natürlichen Systems nicht als Kriterium herangezogen werden. Um ursprüngliche Merkmale einer Gruppe (in diesem Fall als Innengruppe bezeichnet) herauszufinden, dient der Vergleich mit anderen Taxa, die dann als Außengruppe bezeichnet werden **(Außengruppenvergleich).** Kommt ein Merkmal nur in der Innengruppe vor, so wird es als apomorph betrachtet, findet es sich auch in der Außengruppe, ist wahrscheinlich, dass es plesiomorph ist. Für den Außengruppenvergleich werden i.d.R. möglichst nah verwandte Gruppen herangezogen

Beispiel: Der gemeinsame Besitz einer fünfstrahligen Vorderextremität bei Menschen und Dachsen ist kein Argument dafür, dass beide näher miteinander verwandt sind als z.B. Mensch und Elch. Es handelt sich hierbei um eine Symplesiomorphie, also den gemeinsamen Besitz eines ursprünglichen Merkmals. Der gemeinsame Besitz der für die Säugetiere als abgeleitet nachgewiesenen zweistrahligen Extremität bei Elch und Gämse ist jedoch ein Argument dafür, dass diese beiden Arten näher miteinander verwandt sind, da die zweistrahlige Extremität sich als evolutive Neuheit aus der ursprünglichen fünfstrahligen Extremität entwickelt hat. In diesem Fall handelt es sich um eine Synapomorphie.

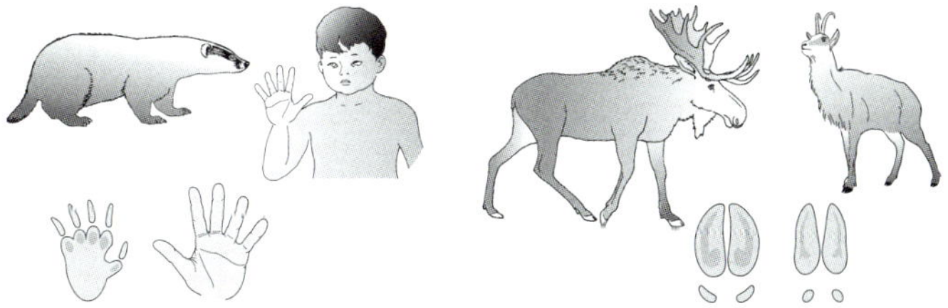

▶ *Beispiele für Symplesiomorphie (links) und Synapomorphie (rechts)*

Plesiomorphie und Apomorphie sind allerdings keine absoluten Eigenschaften eines Merkmals. So ist der Besitz einer Wirbelsäule für die Säugetiere (hier: Innengruppe) ein symplesiomorphes Merkmal, das sie mit anderen Wirbeltieren (hier: Außengruppe) gemeinsam haben. Für die Wirbeltiere ist es aber ein synapomorphes Merkmal, das diese von Nicht-Wirbeltieren abgrenzt.

Zur Erstellung eines Stammbaums müssen Apomorphien erkannt werden

Soll nach diesen Kriterien für eine Gruppe von Arten ein natürliches System aufgestellt werden, so können eine Reihe von Fragen auftreten:

- Wie ist erkennbar, welche Merkmale verschiedener Arten als abgeleitet von ein und demselben ursprünglichen Merkmal gelten können (Homologieproblem, s. Seite 39)?
- Wie ist erkennbar, welches das abgeleitete und welches das ursprüngliche Merkmal ist? (Hier hilft der Vergleich mit Außengruppen.)
- Kann die Merkmalsphylogenie nur in eine Richtung fortschreiten oder ist eine Rückkehr zum Ausgangspunkt möglich?
- Können bestimmte abgeleitete Merkmale nur durch einmalige Umwandlung eines ursprünglichen Merkmals entstanden sein oder ist eine mehrmalige parallele Entstehung möglich (Parallelismus-Problem)?

Basiswissen **Monophylie, Paraphylie und Polyphylie**

Die Einheit der Kladistik ist die **Klade,** das ist eine Artengruppe gemeinsamer Abstammung, deren Arten alle auf eine Vorläuferart zurückgehen. Alle Kladen sind jeweils wieder Teile umfassenderer Kladen. Dabei ist wichtig, dass eine Klade aus einer Stammart mit **allen** ihren Nachkommen besteht. In diesem Fall handelt es sich um eine **monophyletische Gruppe.** Sie sind durch apomorphe Merkmale begründet, die in der Außengruppe nicht vorkommen. Beispiele für monophyletische Gruppen sind die Säugetiere oder die Insekten.

Gruppen, die aus einer Stammart und nur einem Teil der von dieser Art abstammenden Arten bestehen, werden **paraphyletisch** genannt. Ein Beispiel für eine paraphyletische Gruppe sind die Reptilia (s. Seite 49).

Gruppen, deren Vertreter Nachkommen von unterschiedlichen Stammarten sind, heißen **polyphyletisch.** Solche Gruppen werden aufgrund von Konvergenzen (s. S. 8) aufgestellt. Beispiele für solche Gruppen sind die „Dickhäuter" (darunter wurden früher die Elefanten, Flusspferde, Nashörner, Tapire und Schweine zusammengefasst) oder die „Geier" (Altweltgeier, die zu den Greifvögeln gehören und Neuweltgeier, die in die Verwandtschaft der Störche gestellt werden).

DNA-Vergleiche haben die Stammbaumforschung revolutioniert

Lange Zeit war die phylogenetische Systematik ausschließlich auf vergleichende Anatomie und Morphologe, Entwicklungsbiologie, Biogeografie und Fossilien, auch auf Proteinverwandtschaften angewiesen. Erst in den letzten Jahrzehnten standen der Stammbaumforschung zunehmend auch Analysen der Erbsubstanz selbst zur Verfügung. Die vielen Millionen Nucleotide, aus denen sich die Erbsubstanz jedes

Individuums zusammensetzt, enthalten im Prinzip alle Informationen über die evolutionäre Vergangenheit eines Organismus, und theoretisch müsste sich über DNA-Analysen und DNA-Vergleiche der Stammbaum aller Lebewesen bis zur Entstehung des Lebens, dem letzen gemeinsamen Vorfahr (s. Seite 12 f.) zurückverfolgen lassen.

Meistens werden für Stammbaumforschungen Nucleotid-Sequenzen einzelner **Markergene** verglichen. Da jede Position eines Nucleotids als ein unabhängiges Einzelmerkmal gewertet werden kann, werden bei der Sequenzierung nur eines Markergens bereits 1000 und mehr für die Analyse nutzbare Merkmale erhalten. Selbst systematisch weiter voneinander entfernte Lebewesen können verglichen werden, da homologe Gene direkt erkennbar sind und – wie neuere Forschungsergebnisse zeigen – in großer Zahl und praktisch in allen Organismengruppen vorkommen. Für Untersuchungen der großen verwandtschaftlichen Zusammenhänge, also von Gruppen, die sich schon vor sehr langer Zeit getrennt haben, sind nur solche Gene geeignet, die sich nur sehr langsam verändern. Dazu gehören z. B. Gene, welche die RNA der Ribosomen codieren.

Mithilfe von molekulargenetischen Untersuchungen kann auch die Verwandtschaft von Lebewesen erforscht werden, die keine oder so gut wie keine gemeinsamen morphologischen Merkmale haben. So konnte auf diese Weise nachgewiesen werden, dass Echte Pilze (Chitinpilze, Eumycota) mit Tieren (Metazoa) näher verwandt sind als mit Pflanzen.

Das Homologieproblem existiert auch für molekulargenetische Merkmale

Auch bei der Auswertung molekulargenetischer Daten muss zwischen Homologien und Analogien unterschieden werden. Wenn zwei Nucleotidsequenzen an vielen Stellen übereinstimmen, kann mit großer Wahrscheinlichkeit eine Homologie angenommen werden. Gibt es aber starke Abweichungen, kann es sich bei den Übereinstimmungen auch um Zufälligkeiten handeln. Speziell dafür entwickelte statistische Programme können helfen, auf gemeinsamen Ursprung zurückgehende Übereinstimmungen von zufälligen zu unterscheiden. Da im Laufe der Evolution vielfach aus Genen Genfamilien durch Vervielfachung von Genen, Gensequenzen oder Genomen entstanden, ist es beim Vergleich von Genen verschiedener Organismen bzw. Arten deshalb wichtig, zunächst die serielle **Homologie** (Wiederholung) solcher duplizierter Gene innerhalb eines Genoms zu erkennen. Gene, die durch Genverdoppelung und anschließende mutagene Veränderung entstanden sind, werden **paralog** genannt. Sie sind typisch für eine Abstammungslinie. Als **orthолog** werden demgegenüber Gene zweier oder mehrerer Arten bezeichnet, die auf dasselbe Gen im letzten gemeinsamen Vorfahr zurückzuführen sind. Solche Gene sind für Stammbaumanalysen besonders geeignet.

Bei Prokaryoten und in gewissem Umfang auch bei Eukaryoten, insbesondere bei Einzellern, kommt sogenannter horizontaler oder lateraler Gentransfer vor, das heißt, es können Gene zwischen Lebewesen einer Generation ausgetauscht werden. Diese Genübertragung kann sogar zwischen Vertretern unterschiedlicher Arten stattfinden. Für Stammbaumanalysen dürfen nur solche Gene verwendet werden, bei denen horizontaler Genaustausch ausgeschlossen werden kann.

Basiswissen **Molekulare Uhren**

Als molekulare Uhren werden orthologe Gene oder Genomabschnitte bezeichnet, die sich mit nahezu gleichbleibender Geschwindigkeit verändern. Man geht davon aus, dass die Anzahl der ausgetauschten Nucleotide in solchen Genomabschnitten zweier Arten proportional dem Zeitraum ist, der seit ihrer Trennung vergangen ist. Bei paralogen Genen ist die Anzahl der ausgetauschten Nucleotide dem Zeitraum proportional, der seit der Genverdoppelung vergangen ist.

Molekulare Uhren funktionieren allerdings nur, wenn sie nicht durch gerichtete Selektionsprozesse gestört werden. In der Praxis ist es deshalb sicherer, die Analysen auf mehrere Gene auszudehnen, dann heben sich die Schwankungen teilweise auf.

1.4.3 Wichtige Schritte der Stammesgeschichte

Die Erdgeschichte umfasst nach heutiger Kenntnis mit etwa 4,6 Milliarden Jahren ein knappes Drittel des Gesamtalters des Universums. Erstes Leben entstand auf der Erde vermutlich schon vor 3,6 bis 3,9 Milliarden Jahren. Bis vor 2,1 Milliarden Jahren existierten auf der Erde nur **Prokaryoten, Bakterien** und **Archäen.** Dann entstanden die ersten Eukaryoten durch Endosymbiose aus verschiedenen Prokaryoten. Aufgrund von molekulargenetischen Vergleichsuntersuchungen wird der Ursprung der Vielzeller vor etwa 1,5 Milliarden Jahren angenommen. Die älteste artenreichere Fossilienfundstätte ist 565 Millionen Jahre alt (Ediacara-Fauna, S-Australien). Das Fehlen früherer Fossilfunde könnte damit zusammenhängen, dass die Erde davor mehrere extreme Kaltzeiten durchmachte („Snowball Earth"), während derer das Leben sich weitgehend auf die Umgebung von untermeerischen heißen Quellen beschränkte.

Mit der kambrischen Explosion begann das Phanerozoikum

Erst vor etwa 550 Millionen Jahren kam es zu einer ziemlich plötzlichen Entwicklung zahlreicher vielzelliger Tierarten („kambrische Explosion"), weshalb diese letzte halbe Milliarde Jahre auch als **Phanerozoikum** (d. h. Zeitalter des sichtbaren Lebens) bezeichnet wird. Dieser Zeitabschnitt umfasst die durch Fossilien gut belegte Geschichte des Lebens auf der Erde.

Wichtige erdgeschichtliche Ereignisse dieses Zeitraums waren z. B.

- die Eroberung des Festlandes durch Pflanzen, Pilze und wirbellose Tiere, beginnend vor 438 Millionen Jahren
- der Landgang der Wirbeltiere (Tetrapoden) vor 395 Millionen Jahren
- die Entstehung von Samenpflanzen vor 360 Millionen Jahren
- die Entstehung der Reptilien (eigentlich der Reptiliomorphen) vor 335 Millionen Jahren
- die Entstehung der ersten Bedecktsamer vor 130 Millionen Jahren
- die starke Radiation der Säugetiere nach dem Aussterben der Dinosaurier vor 65 Millionen Jahren
- die Entstehung der ersten Vormenschen vor etwa 5 Millionen Jahren

Die geochronologische Skala gliedert die Erdgeschichte

Die Erdgeschichte wird durch eine hierarchisch gegliederte Zeitskala (geochronologische Skala) unterteilt. Demgegenüber ist die chronostratigrafische Skala an physische Gesteinskörper gebunden. Für jede chronostratigrafische Einheit existiert als Zeitintervall eine korrespondierende geochronologische Einheit:

Geochronologie		Chronostratigrafie
Äon (engl. Eon)	z. B. Phanerozoikum	Äonothem
Ära (engl. Era, Erdzeitalter)	z. B. Känozoikum	Ärathem
Periode (engl. Period)	z. B. Neogen	System
Epoche (engl. Epoch)	z. B. Pliozän	Serie
Alter (engl. Age)	z. B. Zancleum	Stufe

Äon	Ära	Periode		Beginn vor Mio. Jahren
Phanerozoikum	Känozoikum Erdneuzeit Dauer: 65,5 Mio. Jahre	Quartär	Beginn der Kaltzeiten („Eiszeiten")	2,6
		Neogen	Entwicklung aller heutiger Pflanzen und Tiere sowie des Menschen	23,8
		Paläogen	Entwicklung und Differenzierung der Säugetiere; Menschenaffenvorfahren; Ausbreitung der Gräser	65,0
	Mesozoikum Erdmittelalter Dauer: 185,5 Mio. Jahre	Kreide	letzte Dinosaurier; Differenzierung von Vögeln; Schmetterlinge; Hautflügler; Entwicklung und Differenzierung bedecktsamiger Samenpflanzen	145,5
		Jura	Vorherrschen der Saurier; erste Vögel	200,0
		Trias	Vielfalt der Reptilien; erste Säuger; verschiedene Nacktsamer	251,0
	Paläozoikum Erdaltertum Dauer: 291 Mio. Jahre	Perm	unterschiedliche Reptiliengruppen; Samenpflanzen verdrängen Farnpflanzen	299,0
		Karbon	erste Reptilien, zahlreiche Amphibien; ausgedehnte Feuchtwälder, vorwiegend aus Farnpflanzen (baumförmige Farne, Bärlappe und Schachtelhalme)	359,2
		Devon	erste Amphibien und Insekten; Farnpflanzen (v. a. Urfarne); Vielfalt der Fische (Knochenfische)	416,0
		Silur	erste Landpflanzen (Urfarne, Moose)	443,7
		Ordovizium	erste Wirbeltiere (Kieferlose, Knorpelfische)	488,3
		Kambrium	Entwicklung fast aller heute noch vorhandener Tierstämme außer Wirbeltieren; Algen	542,0
Proterozoikum	Neoproterozoikum		Vielzeller (Algen, wirbellose Tiere)	1000,0
	Mesoproterozoikum		Eukaryoten mit geschlechtlicher Fortpflanzung	1600,0
	Paläoproterozoikum		Entstehung der Eukaryoten aus Prokaryoten	2500,0
Archaikum			erste Lebewesen	4000,0
Hadaikum				4600,0

Geologische Zeitskala (nach International Stratigraphic Chart 2008, www.stratigraphy.org)

Die Kontinentaldrift hat den Evolutionsverlauf entscheidend beeinflusst

Die Verteilung der Kontinente hat sich im Laufe der Erdgeschichte ständig verändert. Dies hängt damit zusammen, dass die vergleichsweise sehr dünne, feste Erdkruste aus Platten mit ozeanischen und kontinentalen Anteilen besteht, die sich auf dem flüssigen Erdinneren ständig verschieben. Dabei kommt es an den Plattenrändern zum Eintauchen und Einschmelzen ozeanischer Anteile (Subduktionszonen). Trifft dabei ein kontinentaler Plattenanteil auf einen anderen, entsteht ein Faltengebirge. An mittelozeanischen Rücken kommt es zur Neubildung von ozeanischer Erdkruste (z. B. am mittelatlantischen Rücken). Dadurch, dass die Platten ihre Konstellation ständig verändern, kommt es immer wieder zu neuen Verbindungen und Trennungen auch von kontinentalen Plattenanteilen, die sich auf die Prozesse der Artbildung und des Aussterbens von Arten entscheidend auswirken. So hat die lange Isolation des australischen Kontinents bewirkt, dass sich dort die Beuteltiere, eine sehr ursprüngliche Gruppe der Säugetiere, in großer Artenzahl erhalten konnten, während sie auf den anderen Kontinenten durch die Plazentatiere weitgehend oder vollständig verdrängt wurden.

Über 1,5 Milliarden Jahre lang gab es auf der Erde nur Prokaryoten

Lange Zeit beherrschten Prokaryoten (Prokaryota, Prokarya, Kernlose) die Erde. Noch heute sind es die häufigsten Organismen und die Vielfalt der bei den verschiedenen Vertretern gefundenen Stoffwechselwege übertrifft diejenige aller anderen Lebewesen. Aufgrund biochemischer und molekulargenetischer Vergleiche können die prokaryotischen, weitgehend einzelligen Lebewesen zwei großen Gruppen, den Bakterien und den Archäen, zugeordnet werden. Viele Bakterien enthalten jedoch auch typische Archäengene und umgekehrt, was damit zusammenhängt, dass bei Prokaryoten horizontaler Genaustausch weit verbreitet ist.

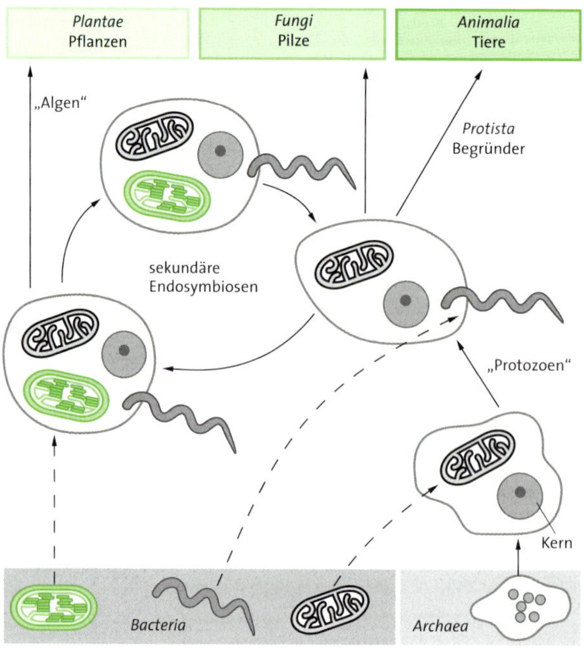

▶ *Endosymbiontentheorie*

Die Eukarya entstanden durch Endosymbiose

Die ersten Eukarya (Eukaryoten, Eukaryota, Kernhaltige) gibt es seit etwa 2,1 Milliarden Jahren. Sie enthalten Gene von Bakterien und Archäen. Diese sind jedoch nicht nur durch horizontalen Gentransfer in das eukaryotische Genom gekommen, sondern auch durch die vollständige Aufnahme ganzer Zellen als **Endosymbionten.** So wurde ein aerobes Bakterium zum Zellorganell Mitochondrium, ein Blaugrünes Bakterium zum Zellorganell Chloroplast. Auch Geißeln und Centriolen sind vermutlich durch Endosymbiose entstanden. Neben dieser **primären Endosymbiose,** die zur Entstehung der Eukarya führte, gab es auch **sekundäre Endosymbiosen,** die bei der Entstehung der verschiedenen Algengruppen eine wichtige Rolle spielten, und bei denen eukaryotische Zellen aufgenommen wurden. So gehen die Chloroplasten der Augengeißler *(Euglena)* auf endosymbiotische einzellige Grünalgen zurück.

Die meisten Kernhaltigen sind Einzeller

Die Eukaryoten (Domäne Eukarya) haben sich in den zwei Milliarden Jahren ihrer Stammesgeschichte zu einer äußerst vielgestaltigen Gruppe entwickelt, die bis heute zum größten Teil aus Einzellern besteht. Die Eukarya wurden in vier Reiche aufgeteilt. Die große Basis erhielt den Namen **Protista** (auch Protoctista), was man am besten mit „Begründer" übersetzen kann. Dabei handelt es sich allerdings um eine sehr große Sammelgruppe ohne engere verwandtschaftliche Beziehungen. Die „obere Etage" des Systems bilden die Reiche **Pflanzen** (Planta, Embryophyta), **Pilze** (Fungi, Eumycota, Chitinpilze) und **Tiere** (Animalia). Die wirklichen Verwandtschaftsbeziehungen der Protisten haben erst im letzten Jahrzehnt aufgrund molekulargenetischer Untersuchungen klarere Konturen angenommen. Nun haben sich Pflanzen zusammen mit den Grünalgen und Rotalgen als eine Verwandtschaftsgruppe herausgestellt, Pilze und Tiere gehören – zusammen mit anderen Protisten – zu einer weiteren Großgruppe. Drei weitere Verwandtschaftsgruppen bestehen nur aus Protisten, in einer davon sind mit den **Braunalgen** ebenfalls große vielzellige Organismen entstanden.

Vielzelligkeit bedeutet zelluläre Arbeitsteilung

Bei einzelligen Lebewesen entstehen nach der Mitose zwei neue Tochterindividuen als unabhängige Organismen. Am Beispiel verschiedener Algenarten kann man sich vorstellen, wie die Evolution von Einzellern zu Vielzellern abgelaufen sein kann. Grundlage ist das Zusammenbleiben und die spätere Arbeitsteilung mitotisch entstandener Zellen. Je nach Anordnung der Teilungsspindeln bei den mitotischen Zellteilungen können fädige, flächige oder räumlich strukturierte Vielzeller entstehen.

Bei den meisten Algen und bei Pilzen sind Vielzeller über fädige Strukturen entstanden. Typisch für die Entwicklung der vielzelligen Tiere waren vermutlich Hohlkörper oder zweischichtige Strukturen. Die Arbeitsteilung in den Organismen kommt durch die Spezialisierung von Zellen und ihre Zusammenlagerung zu Geweben und Organen mit definierten Funktionen zustande. Organismen können nach morphologischen, physiologischen und molekularbiologischen Merkmalen in Organisationsformen eingeteilt werden. Ähnlich organisierte Formen besitzen einen gemeinsamen Bauplan und oft ist der gemeinsame Bauplan auch Ausdruck der natürlichen Verwandtschaft.

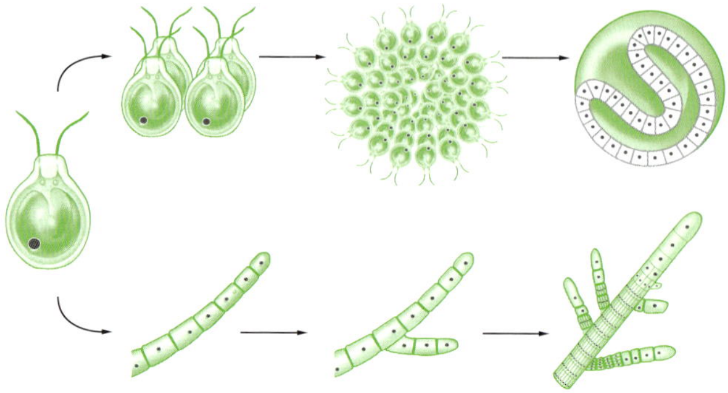

▶ *Zwei mögliche Wege für die Entwicklung vom Einzeller zum Vielzeller*

Die Pflanzen entstanden aus Grünalgen

Eine Reihe von gemeinsamen abgeleiteten Merkmalen spricht für die engere Verwandtschaft von Grünalgen aus der Armleuchteralgen-Verwandtschaft mit den Pflanzen, z. B. die Ausbildung eines **Phragmoblasten** bei der Zellteilung, der spezielle Verlauf der **Cellulosebildung** beim Zellwandaufbau und – soweit noch vorhanden – die spezielle Struktur der **Spermatozoiden.** Am Beginn der Entwicklung von Grünalgen zu Landpflanzen standen vermutlich krustige Formen, die in feuchten Übergangszonen lebten. Bei der weiteren Anpassung an das Landleben mussten vor allem folgende Einrichtungen erworben werden:

1. **Schutzeinrichtungen gegen** übermäßigen **Wasserverlust** bzw. Regulationseinrichtungen für die Transpiration und den Gasaustausch (Epidermis mit Cutinüberzug auf der Außenwand, regulierbare Spaltöffnungen)
2. **UV-Schutz** (Cutinschicht auf der Epidermis)
3. **Leitgewebe** für Wasser- und Assimilatetransport sowie Arbeitsteilung zwischen Wasser aufnehmenden Organen (Wurzeln mit Wurzelhaaren) und der Assimilation dienenden Organen (beblätterte Sprosse)
4. **Festigungsgewebe** für die Stabilisierung der Luftsprosse, vor allem zur Erhöhung ihrer Biegungsstabilität (Verholzung durch Lignineinlagerung der Zellwände)
5. Keimzellen- und Sporenbehälter, die gut gegen Austrocknung geschützt sind (Bildung von Sporangien und Gametangien, Antheridien und Archegonien, mit Schutzhüllen aus sterilen Zellen)
6. wasserfeste Verbreitungseinheiten (Sporen, später Samen)
7. Symbiose mit Pilzen (Mykorrhiza)

Die ersten Landpflanzen sind vor mehr als 400 Millionen Jahren im Silur entstanden. Schon im Erdaltertum (Paläozoikum), im Devon und insbesondere im Karbon entstanden ausgedehnte Wälder, deren Bäume vor allem aus Farnen, Bärlappen und Schachtelhalmen bestanden.

Alle Pflanzen besitzen einen Generationswechsel

Typisch für alle Pflanzen ist ein **Generationswechsel.** Dabei wechseln zwei Generationen mit unterschiedlichen Fortpflanzungsarten regelmäßig miteinander ab. Die haploide **Gametophytengeneration** bildet mitotisch haploide Gameten, die in einem

Befruchtungsvorgang zur Zygote verschmelzen. Aus der diploiden Zygote entsteht durch Mitosen der diploide **Sporophyt,** der durch Meiose wieder haploide Sporen bildet. Bei den Moospflanzen dominiert die Gametophytengeneration. Bei allen Farnpflanzen sind die Gametophyten hingegen deutlich kleiner als die Sporophyten. Diese Entwicklung setzt sich bei den vor rund 360 Millionen Jahren (Devon/Karbon) entstandenen **Samenpflanzen** fort. Bei ihnen bleibt der Gametophyt in der neuen Verbreitungseinheit Samen eingeschlossen. Diese neue Unabhängigkeit führte in der relativ trockenen Epoche des Perm zu einer starken adaptiven Radiation der Samenpflanzen.

Die ersten Tiere waren radiärsymmetrisch gebaut

Die ältesten sicher anerkannten tierischen Fossilien sind 565 Millionen Jahre alt. Diese Fossilien aus den südaustralischen Ediacara-Hills zeigen Ähnlichkeiten mit heutigen Schwämmen und Nesseltieren. Das sind Tiere, die zumindest im Jugendstadium einen radiärsymmetrischen Aufbau zeigen, ähnlich z.B. einer Trinkschale. Molekulargenetische Untersuchungen sprechen dafür, dass die einzelligen Choanoflagellaten eine Schwestergruppe dieser Tiere sind. Die Kragengeißelzellen in Schwämmen sind zudem sehr ähnlich aufgebaut wie ein Choanoflagellat. Schon 20 bis 30 Millionen Jahre später traten Tiere mit einer Symmetrieebene auf, bei denen man – ähnlich wie bei einem Krug mit Henkel – eine Rückseite und eine Vorderseite (bzw. Bauchseite) unterscheiden kann. Sie werden deshalb **Bilateria** genannt.

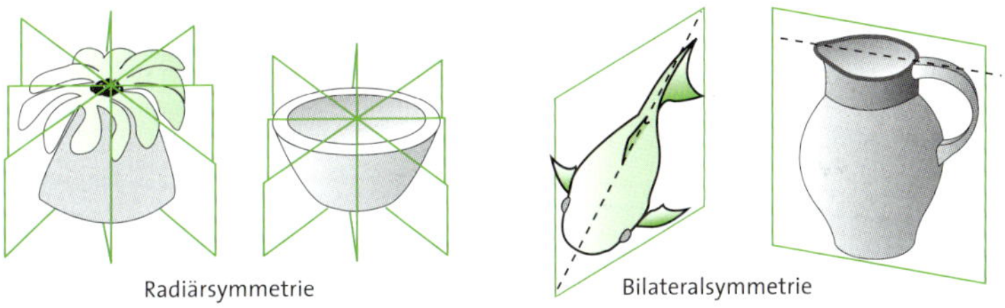

▶ *Radiärsymmetrie (Polysymmetrie) und Bilateralsymmetrie (Monosymmetrie)*

Die Bilateria spalteten sich schon früh in Protostomia und Deuterostomia

Schon zu Beginn des Kambriums lassen sich zwei getrennte Entwicklungslinien der Bilateria erkennen. Sie unterscheiden sich vor allem in ihrer frühen **Embryonalentwicklung.** Die Bilateria bilden zunächst zwei Körperzellschichten aus, die auch als **Keimblätter** bezeichnet werden. Die äußere heißt **Ektoderm,** die innere **Entoderm.** Diese beiden Schichten können z.B. durch Einstülpung aus einem kugeligen Gebilde entstehen. Während dieser **Gastrulation** bildet sich der **Urdarm** als blind endende Tasche aus, welche eine einzige Öffnung nach außen besitzt (**Urmund** oder Plastoporus). Bei den Protostomia bildet sich aus diesem länglichen Urmund an einem Ende der spätere Mund („Urmünder"), am anderen Ende der spätere After. Im Gegensatz dazu entsteht der Mund bei den Deuterostomia aus einer sekundär am anderen Ende des Urdarms neu entstandenen Öffnung („Neumünder").

Auch die Bildung des dritten Keimblatts, des **Mesoderms,** unterscheidet sich bei beiden Gruppen. Bei den Protostomia wandern aus den Urdarmzellen Zellhaufen

1

aus. In diesen mesodermalen Zellhaufen bilden sich flüssigkeitsgefüllte Spalten, die sich zur Leibeshöhle erweitern **(Schizocoel).** Bei den Deuterostomia entsteht das Mesoderm durch Abspaltung (Divertikelbildung) des Urdarms **(Plastocoel).** Als **primäre Leibeshöhle** wird der Hohlraum zwischen Ektoderm und Entoderm bezeichnet, als **sekundäre Leibeshöhle** oder **Cölom** hingegen Körperhohlräume innerhalb des Mesoderms. Ein Hohlraum, der von Entoderm und Mesoderm umschlossen wird, wird **Pseudocöl** genannt. Der unterschiedliche Aufbau der Körperhohlräume ist ein grundlegendes Merkmal.

Nach molekulargenetischen Daten lassen sich die Protostomia in zwei monophyletische Gruppen teilen. Zu den **Lophotrochozoa („Weichhäuter")** rechnet man neben den **Ringelwürmern** (Annelida) auch die **Mollusken.** Sie zeichnen sich durch eine spezielle Larvenform, die **Trochophora,** aus. Ursprüngliche Formen entwickeln einen armförmigen Tentakelträger (Lohophor), so z. B. die Moostierchen. Weitere Tierstämme dieser Gruppe sind Plattwürmer, Rädertierchen und Schnurwürmer. Zur zweiten Gruppe gehören die Fadenwürmer und die besonders artenreiche Gruppe der **Gliederfüßer** (Arthropoda), für die ein Außenskelett charakteristisch ist, das durch Häutungen (Ecdysis) erneuert wird. Die Gruppe wird deshalb **Ecdysozoa („Panzerhäuter")** genannt.

Zu den Deuterostomia gehören die **Stachelhäuter** (Echinodermata) und die **Chordatiere** (Chordata) mit den **Wirbeltieren.**

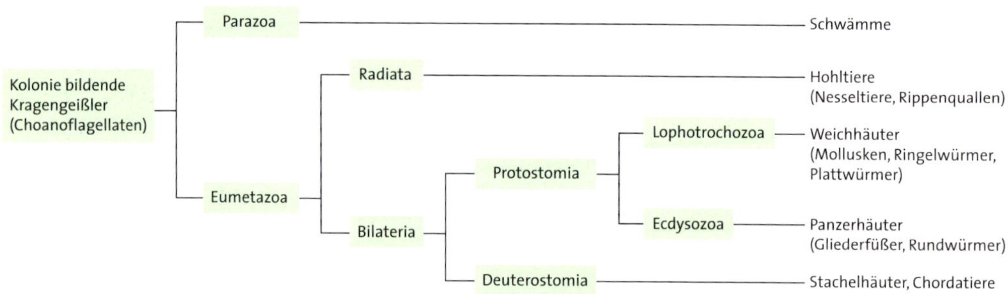

▶ *Abstammungsschema (Kladogramm) des Tierreiches*

Variation eines Themas: die verschiedenen Arthropodengruppen

Gliederfüßer sind heute die arten- und individuenreichste Gruppe der Tiere. Beschrieben sind mehr als eine Million Arten, aber die Anzahl bislang unbekannter Arten dürfte noch höher sein. Alle **Arthropoden** zeichnen sich dadurch aus, dass sich ihr Körper aus einzelnen, sich mehr oder weniger stark gleichenden Segmenten aufbaut, umgeben von einem harten Außenskelett, dessen wesentlicher Bestandteil das Polysaccharid Chitin ist. Die ersten Arthropoden sind schon aus dem frühen Kambrium bekannt, als Schwestergruppe gelten die **Stummelfüßer** (Onychophora), die ebenfalls schon zur Zeit der kambrischen Explosion auftraten. Heute gibt es von ihnen noch einige Vertreter, die als lebende Fossilien gelten.

Die verschiedenen Körpersegmente unterscheiden sich vor allem durch ihre Anhangsorgane. Mit diesen „Gliederfüßen" können Arthropoden z. B. atmen, laufen, fliegen, fressen oder Reize wahrnehmen. Wie in den letzten Jahrzehnten herausgefunden wurde, sind für diese Unterschiede nur wenige Hox-Gene (s. Seite 34 f.) verantwortlich. Je nachdem, welche Hox-Gene in einem bestimmten Körpersegment exprimiert werden, entwickeln sich Kieferfüße, Schreitbeine, Mundwerkzeuge, Flügel, Spinndrüsen oder Kopulationsorgane.

Die wichtigsten Gruppen der Deuterostomia: Stachelhäuter und Chordatiere

Adulte **Stachelhäuter** (Echinodermata) – wie Seesterne und Seeigel – sind radiärsymmetrisch aufgebaut, ihre Keimesentwicklung und ihre Larven weisen sie jedoch eindeutig als Bilateria aus. Die Trennung der Stammlinien der Echinodermata und der Chordata liegt mehr als 500 Millionen Jahre zurück. Die **Chordata** zeigen eine Reihe abgeleiteter Merkmale:

- **Chorda dorsalis** (ein stabartiges, biegsames Skelettelement, das dorsal vom Darm liegt)
- **Neuralrohr** auf der Rückenseite, ein röhriges Zentralnervensystem
- **Kiemendarm,** ursprünglich Nahrungsfilter und Atmungsorgan, das den vorderen Darmabschnitt durch paarige Kiemenspalten mit der Außenwelt verbindet
- **Schwanz,** hinter dem After gelegener, muskulöser Körperabschnitt, der bei vielen wasserlebenden Chordaten der Fortbewegung dient

Auch wenn diese Merkmale bei ausgewachsenen Chordata nicht immer vorhanden sind, so treten sie doch während der Keimesentwicklung (in Larvalstadien) auf.

Zu dem Tierstamm **Chordata** gehören die drei Unterstämme **Manteltiere** (Tunicata), **Schädellose** (Acrania) und **Schädeltiere** (Craniota). Dabei ist die Verwandtschaftsbeziehung dieser drei Gruppen bis heute strittig, d. h., es ist nicht sicher, ob die Craniota enger mit den Acrania oder mit den Tunicata verwandt sind. Innerhalb der Craniota entstanden ebenfalls schon im Kambrium die ersten Tiere mit **Wirbelsäule.** Während man früher Craniota und Vertebrata als Synonyme ansah, werden heute die Craniota in die wirbellosen **Schleimaale** und die **Wirbeltiere (Vertebrata)** im engeren Sinne aufgeteilt.

Zu den „Fischen" gehören recht unterschiedliche Wirbeltiere

Im allgemeinen Sprachgebrauch werden auch die Craniota ohne Wirbelsäule, die Schleimaale, den Fischen zugerechnet. Die ursprünglichsten echten Wirbeltiere sind die **Neunaugen,** aalartige, vorwiegend parasitisch lebende Bewohner von Meeren und Süßgewässern. Da sie im Unterschied zu allen anderen Fischen kein Kieferskelett besitzen, werden sie diesen auch als **Kieferlose** (Agnatha) gegenübergestellt. Kiefer, das sind gelenkig mit dem Schädelskelett verbundene Knochenspangen mit Zähnen, erlauben das Ergreifen und Festhalten von Nahrungsbrocken bzw. Beutetieren. Sie sind durch Umgestaltung aus Knochenspangen der Kiemen (Kiemenbögen) hervorgegangen. Diese entscheidende Neuentwicklung wurde vermutlich durch eine Verdoppelung der Hox-Gene (von zwei auf vier Cluster) ermöglicht. Fossil sind Kieferfische seit 430 Millionen Jahren bekannt. Ausgestorbene **Kieferträger** (Gnathostomata) sind die **Panzerfische** (Placodermata) und die **Stachelträger** (Acanthodii). Rezente Gnathostomata sind die **Knorpelfische** (Chondrichthyes) mit Haien, Rochen und Chimären (Seekatzen) sowie die **Knochenfische.** Das gemeinsame Merkmal der Knochenfische ist das durch Calciumkarbonat-Einlagerungen verhärtete Innenskelett. Nicht ganz geklärt ist, ob es sich dabei um ein abgeleitetes Merkmal handelt. Sicher gilt dies jedoch für die Schwimmblase bzw. Lunge und die Kiemendeckel, durch die die Kiemenspalten nach außen abgedeckt werden.

Schon im Devon, vermutlich kurz nach der Entstehung der Knochenfische, haben diese sich in **Strahlenflosser** (Actinopterygii) und **Fleischflosser** aufgespalten. Während die große Mehrzahl der heutigen Fische zu den Strahlenflossern gehört, haben von den Fleischflossern nur wenige Reliktformen, wie der Quastenflosser *Latimeria* und die Lungenfische (mit sechs Arten) überlebt. Diese Fische sind jedoch deshalb von besonderem Interesse, weil sich aus ihren Vorfahren die Landwirbeltiere, die Tetrapoden, entwickelt haben.

Im Devon entwickelten sich aus Fleischflossern die ersten Landwirbeltiere

Aus den Brust- und Bauchflossen der Fische entwickelten sich die Vorder- und Hinterbeine der Landtetrapoden. Schon bei den Fleischflossern konnten manche Arten durch Lungen Luftsauerstoff atmen. Im Devon lebten viele Fleischflosser im Küstenbereich der Meere. 2009 wurden in Polen Fußabdrücke mit erkennbaren Zehen entdeckt, die bisher als die ältesten Fossilfunde von Tetrapoden gelten. Diese Tiere lebten vor 395 Millionen Jahren vermutlich in seichten Gewässern des Gezeitenbereichs, in denen sie sich schreitend fortbewegten. Als Übergangsform zu den Amphibien gilt die vor 365 Millionen Jahren lebende *Acanthostega,* ein Tier, das heutigen Molchen ähnlich sah und sich mindestens zeitweilig an Land fortbewegen konnte. Der zeitweilige Landgang könnte zwei Selektionsvorteile gebracht haben:

- Beim Austrocknen von Gewässern konnten neue aufgesucht werden.
- Bei Nahrungsmangel im Wasser bot der Landausflug auf damals schon von Pflanzen und Wirbellosen besiedelte Flächen eine neue Nahrungsressource.

Bis heute führen die Amphibien ein Doppelleben: Ihre Larven sind fischähnliche, kiemenatmende Wassertiere, als Adulte wandeln sie sich zu lungenatmenden Landtieren, die allerdings meist eine feuchte Umgebung benötigen.

Eihäute machen die Amniota vom Wasser unabhängiger

Die Eier der Amphibien unterscheiden sich wenig von Fischeiern, die Eier der Amniota, zu denen Reptilien, Vögel und Säugetiere gehören, zeichnen sich durch vier extraembryonale Anhangsorgane aus:

- Der **Dottersack,** der auch schon bei Fischen vorkommt, enthält einen Nährstoffvorrat.
- Das **Chorion** und die **Allantois** sorgen für den Gasaustausch mit der Atmosphäre und die Allantois speichert darüber hinaus stickstoffhaltige Stoffwechselendprodukte.
- Das **Amnion** umgibt die flüssigkeitsgefüllte Amnionhöhle, in welcher der Embryo schwimmt.

An der Bildung dieser embryonalen Anhangsorgane sind alle drei Keimblätter beteiligt. Nach außen sind typische Amnioteneier durch eine kalkhaltige Schale geschützt, die neben weiterem Verdunstungsschutz auch mechanischen Schutz gewährt.

Die Eihüllen der Landwirbeltiere können in ihrer Bedeutung mit der Samenbildung bei Landpflanzen verglichen werden. Beide Errungenschaften machen vom Wasser unabhängiger. Diese Emanzipation betrifft in beiden Fällen die geschlechtliche Fortpflanzung.

Reptilien sind paraphyletisch, Vögel und Säuger monophyletisch

Schildkröten, Krokodile, Schlangen, Echsen und ausgestorbene Gruppen wie Fischsaurier, Flugsaurier und Dinosaurier werden im Allgemeinen als **Reptilien** zusammengefasst. Typisch für diese Tiere sind neben den Amnioteneiern dicke Hautschuppen aus Keratin, die vor Austrocknung schützen und auch einen mechanischen Schutz bieten. Beim Wachstum wird die Schuppenhaut in Fetzen oder als Ganzes (Natternhemd der Schlangen) abgestreift. Typisch ist außerdem, dass es sich um wechselwarme oder ektotherme Tiere handelt, die Wärmeenergie nur in geringem Umfang durch die Veratmung von Nahrung produzieren, sondern sie stattdessen aus der Umgebung – z. B. durch „sich sonnen" – aufnehmen. Vermutlich trifft dies jedoch nicht für alle Vertreter der ausgestorbenen Reptilien zu.

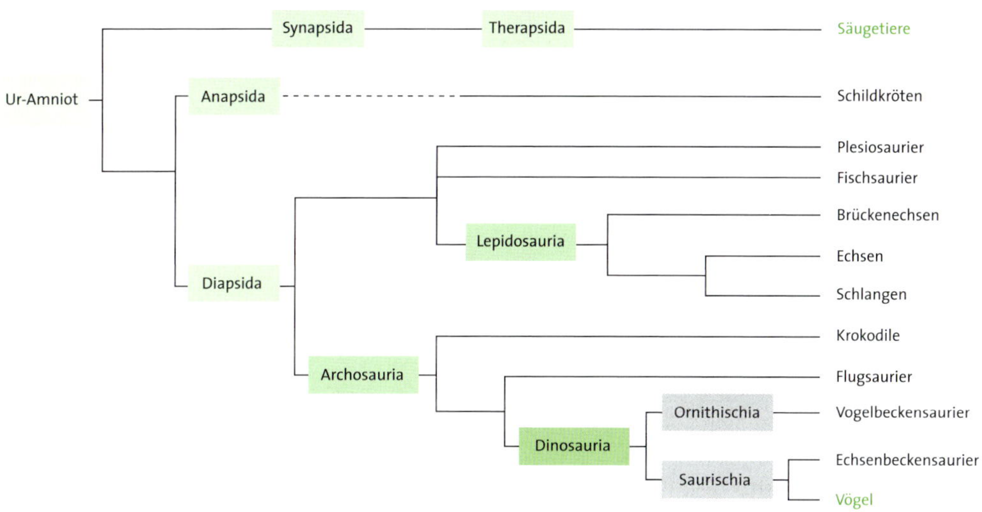

▶ *Stammbaum der Amniota*

Aus frühen Reptilien haben sich schon in der Trias, vor mehr als 200 Millionen Jahren, die **Säugetiere** entwickelt, deren typische abgeleitete Merkmale Haare und Milchdrüsen sind, aber auch die Endothermie. Allerdings führten sie bis zum Ende der Kreidezeit vor 65 Millionen Jahren ein Schattendasein neben den anderen großen Reptiliengruppen, insbesondere den **Dinosauriern.** Aus diesen sind vor rund 165 Millionen Jahren, im Jura, die ersten **Vögel** hervorgegangen, und zwar aus einer Gruppe zweibeiniger Dinosaurier, die auch als **Theropoda** bezeichnet werden und zu denen u. a. der bekannte *Tyrannosaurus rex* gehörte. Als frühe Vogelform gilt der schon im 19. Jahrhundert im Juragestein von Solnhofen gefundene Urvogel *Archaeopteryx* (147 Millionen Jahre alt), der Vogel- und Reptilienmerkmale vereinigt. Typische Vogelmerkmale sind – neben den Federn, die auch schon bei Theropodenvorfahren vorkamen – zahnloser Hornschnabel, Lunge mit Luftsackanhängen, Brustbein mit Kamm als Ansatz für die Flugmuskulatur und besonders leicht gebaute Röhrenknochen.

Systematisch werden Reptilien, Vögel und Säugetiere üblicherweise als Klassen der Wirbeltiere bezeichnet. Nach heutiger Kenntnis sind jedoch nur Vögel und Säuger monophyletische Gruppen, bei den Reptilien handelt es sich um eine paraphyletische Gruppe, in der alle Amniota zusammengefasst sind, die nicht zu den Vögeln und zu den Säugetieren gehören.

Die Säugetiere bilden drei große Verwandschaftsgruppen

Die ersten Säugetiere entwickelten sich aus einer Reptiliengruppe, den Synapsiden, die durch einen katastrophalen Artenrückgang am Übergang vom Perm zur Trias stark betroffen waren. Die ersten echten Säuger der Trias und des Jura waren überwiegend spitzmausgroß und vorwiegend nachtaktiv. Es gab jedoch auch schon größere echte Säuger, so z. B. bereits in der Unterkreide (vor rund 130 Millionen Jahren) zwei dachsähnliche, bis 1 m lange, räuberisch lebende Arten, die durch Fossilien belegt sind.

Die ursprünglichsten Säugetiere sind die **Monotremata.** Sie werden, wegen des gemeinsamen Ausführganges von Darm, Exkretionsorganen und Geschlechtsorganen (der Kloake), auch **Kloakentiere** genannt. Die Monotremata sind noch eierlegend. Sie haben zwar schon Milchdrüsen, aber keine Zitzen. Heute leben noch fünf Arten in Australien und Neuguinea (Schnabeltier und vier Arten der Schnabeligel). Die **Beuteltiere** (Marsupialia) sind lebendgebärend und haben Milchdrüsen in Zitzen. Ihre Jungen werden jedoch sehr klein geboren und in einem Beutel weiter ausgetragen. Heute kommen Beuteltiere nur noch im australischen Raum und in geringerem Umfang in Amerika vor. In Australien haben sie durch adaptive Radiation viele Nischen gebildet, die in Afrika und Eurasien von Plazentatieren, der dritten großen und heute bei Weitem artenreichsten Gruppe der Säugetiere, gebildet wurden. Die **Plazentatiere (Placentalia** oder **Eutheria)** haben eine sehr leistungsfähige Plazenta, wodurch die Tragzeit erheblich verlängert werden kann. Die adaptive Radiation der Plazentatiere begann vermutlich schon vor etwa 100 Millionen Jahren durch die Herausbildung der großen Entwicklungslinien. Innerhalb dieser Teilgruppen kam es dann aber erst im Känozoikum zu der gewaltigen Aufspaltung, die sich in der heutigen Artenvielfalt widerspiegelt.

1.5 Evolution des Menschen

Schon Carl von Linné (1707–1778) ordnete den Menschen 1735 in seinem „Systema Naturae“ aufgrund morphologischer Ähnlichkeiten zusammen mit den Affen in die Gruppe der Primates (Herrentiere) ein. Darwin erklärte dann 1874 den genealogischen Zusammenhang: Der Mensch und die heutigen Menschenaffen stammen von gemeinsamen Vorfahren ab, die man – würden sie uns heute begegnen – als Affen bezeichnen müsste. Seit Darwin’s Buch über die Abstammung des Menschen haben die Paläontologen zahlreiche Fossilfunde von Früh- und Vormenschen zutage gefördert. Durch die Möglichkeit, fossile Knochenreste auf DNA-Spuren zu untersuchen und diese mit der DNA moderner Menschen zu vergleichen, hat die Erforschung des menschlichen Stammbaums in jüngster Zeit eine neue Qualität erreicht.

1.5.1 Die Verwandtschaftsgruppen der Primaten

Zu den Primaten werden zurzeit etwa 250 Arten in 70 Gattungen gezählt, wobei Größe und Erscheinungsbild sehr verschieden sind und die rezenten Arten sehr unterschiedliche Evolutionsniveaus repräsentieren. Charakteristisch für die Primaten ist eine Kombination abgeleiteter Merkmale, zu denen u.a. folgende gehören:

- Hände und Füße, die zum Greifen geeignet sind
- abgeflachte Finger- und Zehennägel
- Hautleisten auf Handflächen und Fußsohlen
- nach vorne gerichtete, relativ eng nebeneinanderliegende Augen

Im Vergleich zu anderen Säugern haben die Primaten darüber hinaus meist ein großes Gehirn und eine relativ wenig vorspringende Schnauzenregion. Typisch ist außerdem ein ausgeprägtes Sozialverhalten.

Die Primaten werden in fünf große Verwandtschaftsgruppen aufgeteilt

Nach der unterschiedlichen Ausbildung des Nasenspiegels werden alle **Primaten** in Feuchtnasenaffen (Strepsirhini) und Trockennasenaffen (Haplorhini) unterteilt. Auch die weitere Unterteilung der Trockennasenaffen nimmt Bezug auf das Aussehen der Nasenregion: Während die Nasenlöcher der Neuweltaffen weit auseinanderstehen und nach außen gerichtet sind, liegen sie bei den Altweltaffen viel enger zusammen und weisen eher nach vorn. Aktuell sieht die systematische Einteilung der Primaten wie folgt aus:

Feuchtnasenaffen

1. **Lemuren,** Überfamilie Lemuroidea (Madagaskar)
2. **Loris** und **Galagos,** Überfamilie Lorisoidea *(*Afrika, Süd- und Südostasien)

Trockennasenaffen

3. **Koboldmakis,** Überfamilie Tarsioidea (Südostasien)
4. **Neuweltaffen** oder **Breitnasenaffen,** Überfamilie Ceboidea (Mittel- und Südamerika) mit den Greifschwanz- oder Klammeraffen (*z.* B. Kapuzineraffen) und den Krallenaffen
5. **Altweltaffen** oder **Schmalnasenaffen** (Afrika, Süd- und Südostasien), mit den Überfamilien
   - **Hundsaffen** (Cercopithecoidea): Meerkatzen, Makaken, Paviane, Mangaben, asiatische Languren und afrikanische Stummelaffen
   - **Menschenaffen** (Hominoidea): Kleine Menschenaffen (Gibbon und Siamang, Familie Hylobatidae), asiatische Menschenaffen (Orang-Utan, Familie Pongidae) und die afrikanischen Menschenaffen (Gorilla, Schimpanse, Bonobo, Mensch, Familie Hominidae)

1

Primaten sind seit dem Eozän fossil gesichert nachgewiesen

Der Ursprung der Primaten reicht bis in die Oberkreide, also etwa 80 bis 90 Millionen Jahre zurück. Ihre Schwestergruppe sind nach heutiger Kenntnis die **Riesengleiter** (Ordnung Dermoptera), nahe verwandt sind auch die **Spitzhörnchen.** Als gesicherte Fossilien sind Primaten aber erst seit dem Eozän, also seit rund 54 Millionen Jahren, bekannt. Die Spaltung in die beiden großen, geografisch voneinander getrennten Gruppen (Neu- und Altweltaffen) muss schon im frühen oder mittleren Eozän stattgefunden haben, da Fossilien unwesentlich jüngeren Datums bereits einer der beiden Gruppen zuzuordnen sind. Es ist nicht eindeutig geklärt, auf welchem Kontinent der Alten Welt die auch als „Echte Affen" bezeichneten Trockennasenaffen entstanden. Vermutlich haben die Neuweltaffen Südamerika vor ca. 25 Millionen Jahren besiedelt und sich seither dort selbstständig weiterentwickelt. Die Vorläufer der Menschenaffen haben sich im ausgehenden Eozän, vor rund 25 Millionen Jahren, aus Altweltaffen entwickelt. Die Gattung *Proconsul,* die im frühen Miozän lebte, gilt als letzter gemeinsamer Vorfahr der modernen Kleinen und Großen Menschenaffen.

Basiswissen **Methoden der Paläoanthropologie**

Die Paläoanthropologie erforscht die Vorfahren des heutigen Menschen. Dazu stehen ihr vor allem folgende Forschungsmethoden zur Verfügung:

- fossile Reste von ausgestorbenen Menschenvorfahren
- ausgegrabene Werkzeuge
- andere Fossilien und Spuren an den Fundstellen (z. B. Tierknochen und Pflanzenreste, die Rückschlüsse auf die Lebensweise der Früh- und Vormenschen zulassen)
- ethnologische Studien an Naturvölkern
- vergleichende Verhaltensstudien an nicht menschlichen Primaten
- physikalische und stratigrafische (durch die Lage im Sediment bestimmbar) Methoden der Altersdatierung
- molekulargenetische Untersuchungen von DNA-Resten aus Fossilfunden

1.5.2 Die Evolution der afrikanischen Menschenaffen und des Menschen

Zur Erforschung der stammesgeschichtlichen Entwicklung der afrikanischen Menschenaffen (Familie Hominidae) können grundsätzlich molekulargenetische Daten der rezenten Arten genutzt werden. Daraus ergibt sich eine besonders enge Verwandtschaft von Schimpanse und Bonobo (sie wurden aufgrund ihres ähnlichen Aussehens früher einer Art zugerechnet) und eine engere Verwandtschaft von Schimpanse, Bonobo und Mensch mit dem Gorilla. Die nach Fossilfunden beschriebenen Gattungen *Dryopithecus* (13 bis neun Millionen Jahre alt) oder *Ouranopithecus* (knapp neun Millionen Jahre alt) kommen als Urahnen für die afrikanischen Menschenaffen und den Menschen infrage. Nach molekulargenetischen Daten kann eine Abtrennung der Gorilla-Linie vor acht bis zehn Millionen Jahren und eine

Aufspaltung in die Menschen- und die Schimpansen/Bonobo-Linie vor fünf bis sieben Millionen Jahren angenommen werden.

Für genauere Aussagen über den Stammbaum des Menschen ist man jedoch auf Fossilfunde angewiesen. Dabei muss bedacht werden, dass jeder neue Fossilfund ein ziemlich zufälliges Ereignis ist, ein kleiner Mosaikstein in einem Riesenpuzzle, dessen Gesamtbild sich heute noch nicht erkennen lässt. So kann ein einziger neuer Fund eine gut begründet erscheinende Hypothese plötzlich widerlegen.

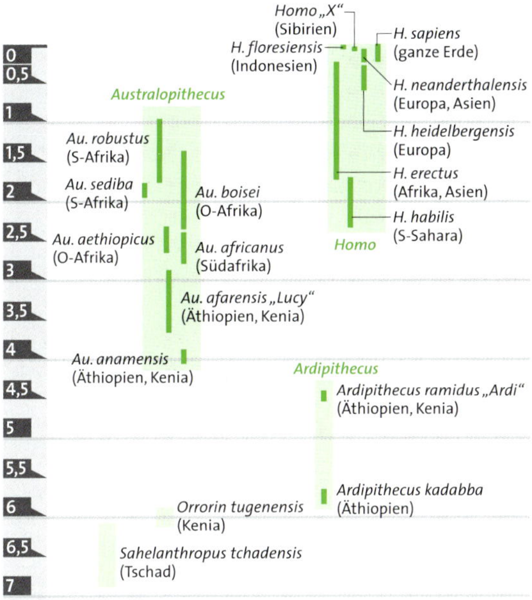

▶ *Fossilfunde, die den Weg zum Menschen markieren*

Orrorin und *Sahelanthropus* – Menschenaffen oder schon Vormenschen?

Im Jahre 2 000 wurden in Kenia an verschiedenen Stellen bis zu 6,2 Millionen Jahre alte Unterkieferreste sowie Arm- und Beinknochen gefunden, die als *Orrorin tugenensis* (von den Findern „Millenium-Mann“ getauft) erhebliches Aufsehen erregten, weil die Knochenstruktur auf einen sehr aufrechten Gang hindeutete. Aber ebenso wie bei den noch etwas älteren Resten des im Jahr 2002 beschriebenen *Sahelanthropus tchadensis* aus Zentralafrika streiten sich die Paläoanthropologen bis heute darüber, ob die Funde der Menschenaffenlinie oder der Menschenlinie (Vormenschen) zuzuordnen sind.

„Ardi“ und „Lucy“ waren Vormenschen

Anders sieht dies bei *Ardipithecus ramidus* aus. Einem schon 1992 in Äthiopien ausgegrabenen Fund folgten in den Jahren danach zahlreiche Knochenfunde von 35 verschiedenen Individuen (5,8 bis 5,3 Millionen Jahre alt) und Funde begleitender Tier- und Pflanzenreste. Das genaue Studium zahlreicher Knochenreste eines 4,4 Millionen Jahre alten Exemplars eines weiblichen *Ardipithecus ramidus* erlaubte 2009 eine sehr gute Rekonstruktion, die einen vollständig aufrechten Gang erkennen lässt. Damit kann dieser Fund eindeutig der Menschenlinie zugeordnet werden.

Eine Folgerung aus der Rekonstruktion ist, dass der letzte gemeinsame Vorfahr von Schimpanse und Mensch vermutlich menschenähnlicher war als die heute lebenden Schimpansen. Die Bearbeiter nannten ihren Fund „Ardi", in Anlehnung an „Lucy", das relativ vollständige Skelett von *Australopithecus afarensis* mit zugehörigen Fußspuren, die eindeutig den aufrechten Gang belegen. Vor der Rekonstruktion von Ardi galt Lucy als der erste, sicher und relativ vollständig belegte Fund aus der Menschenlinie. Gleichzeitig dokumentierte er die Lebensumstände der Vormenschengruppe der **Australopithecinen,** von denen in Afrika vor 4,2 Millionen bis vor knapp einer Million Jahre mehrere Arten nebeneinanderlebten. Sie hatten alle einen mehr oder weniger aufrechten Gang und ihre Eckzähne waren – anders als bei den heutigen Menschenaffen – kaum größer als die Schneidezähne. Eindeutiger Werkzeuggebrauch, der über den bei Schimpansen beobachteten hinausging, wurde für *Australopithecus* bisher nicht nachgewiesen.

Grazile und robuste Vormenschen lebten in verschiedenen Habitaten

Bei den bisher entdeckten Fossilfunden von Vertretern der Vormenschen lassen sich sehr robuste und deutlich grazilere Formen unterscheiden. Nach der **Habitat-Theorie** sind die grazileren Formen an bewaldete Biotope mit weicherer Blätter- und Fruchtnahrung angepasst, während die robusteren Formen eine Anpassung an härtere Nahrungsbestandteile, wie Samen und Wurzeln von Steppenpflanzen und Gräsern, darstellen. Dabei spielt insbesondere die kräftigere Kaumuskulatur eine Rolle. Diese kräftiger gebauten Vormenschen (mitunter auch als robuste Australopithecinen bezeichnet) werden heute z. T. in eine eigene Gattung *Paranthropus* gestellt, etwa der erst vor knapp einer Million Jahren ausgestorbene *Paranthropus robustus* oder der auch als „Nussknackermensch" bezeichnete *Paranthropus boisei.* Die Klimaveränderungen am Ende des Eozäns führten in Afrika zu einer Ausdehnung von Grasländern und Savannen auf Kosten von Wäldern und begünstigten damit möglicherweise die Evolution von kräftigeren Formen. Australopithecinen und Paranthropinen zählen zu den **Vormenschen,** weil sie zwar aufrecht gingen, sonst aber wenig Merkmale des modernen Menschen besaßen.

Vor zwei Millionen Jahren begann das Gehirn zu wachsen

Australopithecinen und andere frühe Vormenschenfunde hatten Gehirngrößen, die sich nicht sehr stark vom Gehirn heutiger Menschenaffen unterschieden (400–500 cm^3). Bei Funden aus der Zeit beginnend vor etwa zwei Millionen Jahren, treten zunehmend größere Gehirnvolumina auf. Diese Schädel mit Gehirnvolumina deutlich über 500 cm^3 werden der Gattung **Homo** zugeordnet und als **Frühmenschen** bezeichnet. Vor zwei bis 1,7 Millionen Jahren lebte *Homo habilis* mit Gehirnvolumina zwischen 510 und 650 cm^3. Für ihn konnte Werkzeuggebrauch eindeutig nachgewiesen werden. Die vermutlich erste Menschenart, die Afrika verließ, war *Homo ergaster.* Sein Gehirnvolumen betrug zwischen 750 und 1000 cm^3 und die Funde sind ebenfalls zwischen zwei und 1,7 Millionen Jahre alt. Die Abgrenzung zu der weitverbreiteten Art *Homo erectus,* mit deutlich größerem, bis 1300 cm^3 erreichendem Gehirnvolumen, ist nicht eindeutig und daher umstritten. So werden von manchen Forschern alle afrikanischen Funde *Homo ergaster* und nur die (ost)asiatischen Funde *Homo erectus* zugeordnet. Auf Java ist *Homo erectus* erst vor 40 000

Jahren ausgestorben, die von ihm abstammende Zwergart *Homo floresiensis* auf der Insel Flores sogar erst vor rund 12 000 Jahren.

Entstand *Homo sapiens* nur in Afrika oder multiregional?

Die **Out-of-Africa-Hypothese** besagt, dass *Homo sapiens* in Ostafrika vor etwa 200 000 Jahren aus *Homo erectus* bzw. *Homo ergaster* hervorgegangen ist. Die ältesten Fossilfunde sind 195 000 Jahre alt und stammen aus Äthiopien. Erst vor rund 100 000 Jahren wanderten danach die ersten „modernen" Menschen aus Afrika aus und besiedelten dann im Laufe der Zeit alle Kontinente. Dabei wurden dort eventuell noch vorhandene *Homo-erectus*-Populationen verdrängt. Die **multiregionale Hypothese** nimmt dagegen an, dass der gemeinsame Vorfahr aller modernen Menschen wesentlich älter ist, dass es aber zwischen den verschiedenen Urmenschengruppen, die erstmals vor etwa 1,8 Millionen Jahren aus Afrika auswanderten, eine kontinuierliche genetische Vermischung gab und die Herausbildung von *Homo sapiens* eine parallele Entwicklung in den verschiedenen geografischen Regionen war.

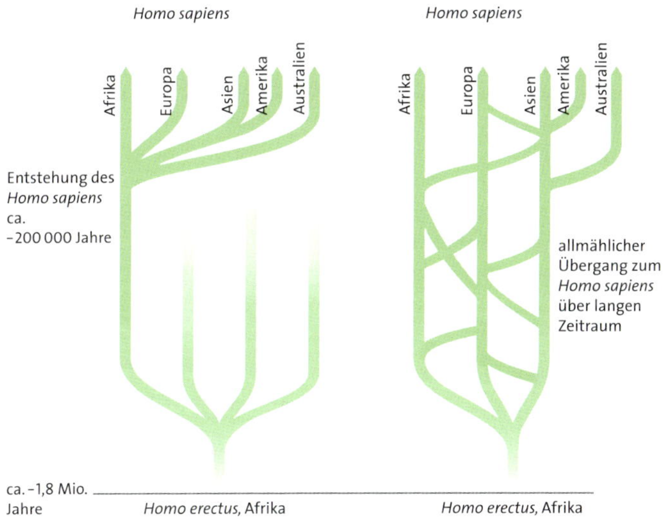

▶ *Out-of-Africa-Hypothese (links) und multiregionale Hypothese (rechts)*

Wichtigstes Argument für die Out-of-Africa-Hypothese sind die molekulargenetischen Befunde, die auf einen gemeinsamen Vorfahren aller Menschen hindeuten, der nicht älter als 200 000 Jahre ist. Stimmte dieses Datum, kann die multiregionale Hypothese nicht stimmen. Wäre der gemeinsame Vorfahr aber deutlich älter, wäre diese Hypothese durchaus wahrscheinlich, da viele v. a. asiatische Fossilfunde auf einen länger dauernden allmählichen Übergang von *Homo erectus* (bzw. *Sinanthropus* und *Pithecanthropus*) in *Homo sapiens* hindeuten. Als weiteres Indiz könnten die morphologischen Unterschiede in heutigen *Homo-sapiens*-Populationen – z. B. bei Schädelmerkmalen – gewertet werden. In diesem Fall wäre allerdings die Aufstellung einer von *Homo erectus* unabhängigen eigenen Art *Homo sapiens* fragwürdig.

1

Homo sapiens und *Homo erectus* wären dann allenfalls als **Chronospezies** (unterschiedlich alt und in ihren Merkmalen unterscheidbar) zu werten.

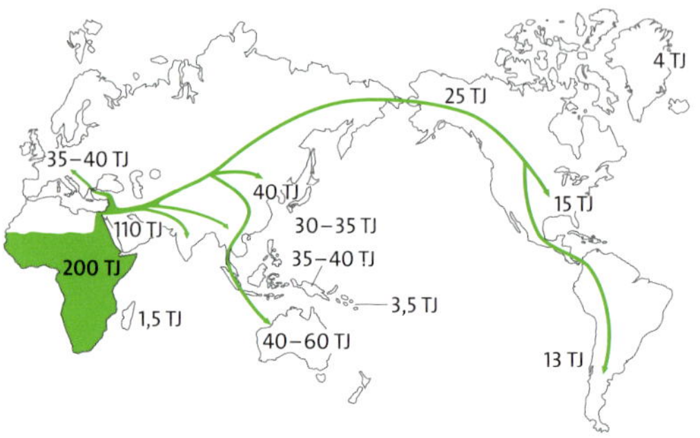

▶ *Ausbreitung des Homo sapiens (TJ = Tausend Jahre)*

Basiswissen **Mitochondrien, mütterliche und väterliche Stammbäume**

Da Mitochondrien nur über Eizellen und Y-Chromosomen nur über Spermien von Generation zu Generation weitergegeben werden, kommt es bei der zugehörigen DNA zu keiner meiotischen Rekombination. Sequenzunterschiede beruhen deshalb nur auf Mutationen und gelten daher auch als zuverlässige Indizien für zeitliche Evolutionsabläufe. Allerdings gibt es Hinweise darauf, dass die Mitochondrien einer Zelle untereinander DNA austauschen können, und dass bei der Befruchtung auch wenige väterliche Mitochondrien in die Zygote gelangen können. Dies könnte die Zuverlässigkeit der aus mtDNA-Stammbäumen abgeleiteten Zeitangaben relativieren. Sequenzvergleiche der Mitochondrien-DNA von rezenten Menschen ganz unterschiedlicher Ethnien lassen den Schluss zu, dass die letzte gemeinsame Ahnin vor etwa 200 000 Jahren lebte. Es wird deshalb auch von der „Ur-Eva“ gesprochen.

Gehören Neandertaler zu der Art *Homo sapiens*?

Im Europa der letzten Kaltzeit war eine Menschenform verbreitet, die nach ihrem Erstfundort, dem Neandertal bei Düsseldorf, bis heute den Namen Neandertaler *(Homo neanderthalensis)* trägt. Typische Neandertalerreste aus dem Nahen Osten sind bis 80 000 Jahre alt (Shanidar, Nordirak, bis 75 000 Jahre; Berg Karmel, Israel, bis 80 000 Jahre). Die meisten Funde, die sich von Spanien bis nach Uzbekistan erstrecken (vgl. oben stehende Abbildung) fallen in die Zeit vor 50 000 bis 30 000 Jahre vor heute (Höhepunkt der Würm- bzw. Weichselkaltzeit). Bislang sind keine gesicherten Funde bekannt, die jünger als 27 000 Jahre sind.

Funde mit Gehirnvolumina zwischen 1100 und 1200 cm³ sowie Merkmalen, die teilweise für Neandertaler sprechen, sind seit etwa 250 000 Jahren bekannt (Prä- bzw. Proto-Neandertaler). Bis über 600 000 Jahre alte Frühmenschenfunde werden der Art *Homo heidelbergensis* zugeordnet. Grundlage für die Aufstellung dieser Art ist der Unterkiefer von Mauer, der 1907 in einer Sandgrube bei Heidelberg entdeckt wurde und dem heute – je nach Lehrmeinung – ein Alter von bis zu 621 000 bzw.

528 000 Jahren zugesprochen wird. Mittlerweile sind viele Funde dieses Menschentyps aus ganz Europa, Nordafrika und dem Nahen Osten bekannt. Es wird angenommen, dass *Homo heidelbergensis* aus *Homo erectus* hervorging, und dass sich aus ihm vor etwa 200 000 Jahren in Europa der Neandertaler entwickelte. Allerdings gibt es keine klaren Unterscheidungsmerkmale zwischen *Homo erectus* und *Homo heidelbergensis* bzw. *Homo heidelbergensis* und Neandertaler. Deshalb ist die Zuordnung vieler Funde strittig und einige Paläoanthropologen rechnen *Homo heidelbergensis* zu *Homo erectus*.

Basiswissen **Methoden der Altersbestimmung**

Es gibt eine Reihe von Methoden, um das Alter von Fossilien recht genau zu bestimmen. Die Wahl der Methode richtet sich danach, welche Beschaffenheit das zu bestimmende Material hat und welche Zeitspanne mit welcher Genauigkeit datiert werden soll. Oft werden mehrere Methoden miteinander kombiniert, um genauere Ergebnisse zu erhalten.

1. **Radiometrische Verfahren:** Sie beruhen auf dem Prinzip, dass in geologischen und organischen Materialien natürlich auftretende radioaktive Isotope vorhanden sind. Deren Restkonzentrationen werden gemessen und aus Kenntnis der Halbwertszeit des radioaktiven Zerfalls kann auf das Alter der Probe geschlossen werden. Wichtige Methoden sind:
   - Radiocarbon-Methode (beruht auf Zerfallsrate des ^{14}C-Isotops) → 300 bis 70 000 Jahre
   - Uran-Thorium-Methode (beruht auf dem Verhältnis von ^{234}U zu ^{230}Th in organisch gebildeten oder ausgefällten Materialien wie Korallenkalken oder Tropfsteinen) → > 1000 bis 500 000 Jahre
   - Argon-Argon-Methode (^{39}Ar zu ^{40}Ar, kompliziertes, sehr exaktes Verfahren zur Bestimmung von Gesteinsalter) → ab 500 Jahre
   - Kalium-Argon-Methode (^{40}K zu ^{40}Ar) → vorwiegend zur Bestimmung hoher Alter bis mehrere Milliarden Jahre

2. **Dendrochronologie:** Altersbestimmung anhand der Anzahl und Breite der Jahresringe von Bäumen → bis ca. 10 000 Jahre
3. **Leitfossilien:** Fossilien, die nur in bestimmten Gesteinsschichten vorkommen und daher eine relative Datierung erlauben. Da die absoluten Alter von Sedimenten durch die Chronostratigrafie mittlerweile sehr gut bekannt sind, kann über Leitfossilien oft eine gute absolute Altersbestimmung vorgenommen werden.

Genetisch fast gleich und doch so verschieden: Mensch und Schimpanse

Nach der vollständigen Sequenzierung der Genome von Mensch und Schimpanse stellte sich heraus, dass der Unterschied zwischen den zwei Arten nur 1,2 % beträgt. In Nucleotidpaaren ausgedrückt sind dies etwa 36 Millionen, d. h. es ist davon auszugehen, dass sich bei beiden Arten je etwa 18 Millionen Basenpaare (bp) gegen über dem letzten gemeinsamen Vorfahr verändert haben. Dieser geringe genetische Unterschied scheint angesichts der offensichtlichen großen morphologischen und intellektuellen Unterschiede erstaunlich. Aber auch die genetische Übereinstimmung der Menschen mit anderen Säugetieren und sogar mit Wirbellosen hat sich als erstaunlich groß herausgestellt. Gleichzeitig unterscheiden sich zwei nicht verwandte Menschen im Schnitt in etwa drei Millionen Basenpaaren. Aus der Erkenntnis, dass die bisher untersuchten Gene von Säugetieren weitgehende Übereinstimmung zeigen, kann der Schluss gezogen werden, dass die Unterschiede andere Ursachen haben müssen. Denn auch wenn sich einzelne Nucleotidpaare der Gene unterscheiden, dürfte dies in den meisten Fällen keinen Einfluss auf die Funktion des exprimierten Proteins haben. Die naheliegende Folgerung ist, dass die entscheidenden Unterschiede nicht in den codierenden Sequenzen, sondern in nicht codierenden Sequenzen liegen, die als Genschalter fungieren.

FOXP2 – ein Gen, das die Sprachfähigkeit beeinflusst

Eine der entscheidenden Eigenschaften, die den Menschen von allen Menschenaffen unterscheidet, ist seine Sprachfähigkeit. Bei einer Familie mit erblichen Sprachstörungen wurde festgestellt, dass diese Störung auf der Veränderung des Gens **FOXP2** beruht. Dieses Gen bildet ein gleichnamiges Protein, das als **Transkriptionsfaktor** die Expression verschiedener anderer Gene steuert, die für die Gehirnentwicklung, insbesondere die Verschaltung verschiedener Hirnregionen, wichtig sind. Das defekte Gen bewirkt den Austausch einer Aminosäure in dem Protein und das reicht aus, um seine Wirkung als Transkriptionsfaktor zu verändern bzw. zu verhindern. Bei heterozygoten Trägern des veränderten Gens werden immer noch funktionierende FOXP2-Proteine gebildet. Die Sprachstörung beruht dann auf einer verringerten Menge des Transkriptionsfaktors.

Das FOXP2-Gen kommt bei vielen Säugern vor. Geprüft wurde dies z. B. für verschiedene Vögel, Nager und Primaten. Das aus 716 Aminosäuren bestehende FOXP2-Protein des Menschen unterscheidet sich nur in vier Positionen von demjenigen der Hausmaus, in drei von dem Protein des Orang-Utan und je in zwei von den entsprechenden Proteinen bei Gorilla und Schimpanse. Die große Übereinstimmung spricht dafür, dass es sich um einen für viele Säuger wichtigen Transkriptionsfaktor handelt. Um festzustellen, ob die geringfügige Änderung beim Menschen tatsächlich eine wichtige Bedeutung bei der Ausbildung der Sprachfähigkeit hat, bedient man sich einer Folge natürlicher Selektionen, die **Selective Sweep** (deutsch: selektives Ausfegen) genannt wird. Dieser Ausdruck beschreibt das Phänomen, dass die Variationen in der Nucleotidsequenz in Nachbarschaft zu einem mutierten Allel stark verringert werden, wenn dieses Gen einer starken natürlichen Selektion unterliegt. Dies hängt damit zusammen, dass bei der Meiose immer größere Stücke ausgetauscht werden und deshalb in einer Chromosomenregion zusammenhängende Variationstypen (sog. **Haplotypen**) erhalten bleiben. Der FOXP2-Locus des Menschen zeigt dies in auffälliger Weise und dies wiederum spricht dafür, dass die geringe Veränderung des Proteins FOXP2 tatsächlich für das Sprachvermögen wichtig ist. Doch dürften die entscheidenden Unterschiede in Veränderungen der zugehörigen Genschalter liegen, was sich bisher nur schwer nachweisen lässt.

Dieses Beispiel zeigt, dass auch geringe Sequenzunterschiede in codierenden Bereichen gravierende Auswirkungen haben können, wenn sie mit bestimmten Änderungen in Genschaltern korrespondieren. Für die Evolution ist die Änderung der Genregulation viel wichtiger als die Veränderung codierender DNA-Abschnitte.

2
Ökologie

Die Ökologie befasst sich mit sämtlichen Wechselwirkungen der Organismen untereinander und mit ihrer abiotischen Umwelt. Sie untersucht Stoff- und Energieflüsse in der Biosphäre, die Ausbildung und Entwicklung von Lebensgemeinschaften und Ökosystemen sowie die Ursachen für die geografische Verbreitung von Populationen, Arten und Lebensgemeinschaften. Dabei sind die Übergänge zu Nachbardisziplinen oft fließend, wie wir weiter unten noch beispielhaft sehen werden. Die Ökologie integriert nicht nur viele biologische Forschungsrichtungen, sie schlägt auch Brücken zu anderen Wissensgebieten wie der Geografie, der Geologie, der Chemie oder der Meteorologie. Sie liefert zudem die wissenschaftlichen Grundlagen für Natur- und Umweltschutz.

Nach dem Komplexitätsgrad des Forschungsansatzes können vier Stufen unterschieden werden:

- **Autökologie:** Verhaltensweisen und Angepasstheiten einzelner Arten an ihre Umwelt; Verbreitung einzelner Arten
- **Populationsökologie** (Demökologie): Einfluss von abiotischen und biotischen Umweltfaktoren auf die Entwicklung von Populationen
- **Synökologie:** Faktoren, welche die Zusammensetzung von Lebensgemeinschaften beeinflussen, insbesondere Wechselbeziehungen zwischen Lebewesen wie Räuber-Beute-Beziehungen, Parasitismus, Symbiose oder Konkurrenz
- **Ökosystemforschung** (Ökologie der Ökosysteme): Stoff- und Energieflüsse in Ökosystemen, Evolution von Ökosystemen

Weitere Einteilungsmöglichkeiten ergeben sich aus den untersuchten Bereichen (Meeresökologie, terrestrische Ökologie, Limnologie, oder enger gefasst z. B. Moorökologie, Riffökologie, Bodenökologie) oder bestimmten Gruppen von Lebewesen (Tierökologie, Pflanzenökologie, mikrobielle Ökologie).

2.1
Evolution und Ökologie

Lebewesen stehen in enger Verbindung mit anderen Lebewesen und ihrer abiotischen Umgebung. Diese Wechselwirkungen der Lebewesen mit ihrer Umwelt sind Forschungsgegenstand der Ökologie, gleichzeitig sind sie Grundlage für die Evolution. Diese Verzahnung von Ökologie und Evolution soll Thema dieses ersten Teilkapitels sein und zugleich in den zweiten Teil, die Ökologie, überleiten.

Unterschiede in Ökosystemen beeinflussen die Richtung und die Geschwindigkeit der Evolution einzelner Arten sowie von Artbildungsprozessen. Umgekehrt wirken sich die evolutionären Veränderungen und die Neubildung von Arten auch auf

Ökosysteme aus. Die Wirkung einer Population auf ihre Umwelt wird von ihrem Genpool und ihrer evolutionären Geschichte geprägt und über die Umweltveränderungen verändert sich der Selektionsdruck auf die Population **(Nischenbildung).** Gleichzeitig ändert sich auch der Selektionsdruck für andere Arten **(Ökosystemformung).**

2

2.1.1 Leben heißt zusammenleben

Leben, wie wir es kennen, ist an einzelne Lebewesen gebunden, Individuen, die von ihrer Umwelt deutlich abgegrenzt sind. Allerdings sind diese Grenzen, angefangen bei den intrazellulären Membranen, stets semipermeabel, also teilweise durchlässig. Wechselwirkungen über diese Barrieren hinweg sind ein Charakteristikum aller Lebensvorgänge und auch aller Lebewesen. Im Hinblick auf die biologische Evolution wurde dieses wichtige Prinzip bis heute nicht ins rechte Licht gerückt – möglicherweise als Folge des unglücklichen Begriffs vom „Kampf ums Dasein“ und der mit diesem Schlagwort verbundenen populärwissenschaftlichen und biologistischen Interpretationen der Evolutionstheorie DARWIN's. Dabei wurde die große Bedeutung des „Zusammenlebens“ schon in der zweiten Hälfte des 19. Jahrhunderts von vielen Biologen erkannt und beschrieben. So wurde die **Endosymbiontentheorie** zur Entstehung der Eukaryoten (s. Seite 42 f.) schon Ende des 19. Jahrhunderts von A. F. W. SCHIMPER (1856–1901) angedacht und von K. F. MERESCHKOWSKI (1855–1921) im Jahr 1905 weiter ausgebaut. Aber erst die US-amerikanische Biologin LYNN MARGULIS (*1938) sorgte ab den 1960er-Jahren dafür, dass so viele Beweise zusammengetragen wurden, dass sie heute als vollständig gesichert gilt.

Auch so wichtige Lebewesen wie Schwämme, Korallen oder herbivore Säugetiere basieren auf zwischenartlicher Integration. Höchst wahrscheinlich sind auch Menschen ohne Bakterien im Darm, auf der Haut und auf Schleimhäuten nicht lebensfähig. Gerade von Prokaryoten ist zudem bekannt, dass diese Integration bis zur Vermischung der Genome geht. Genübertragungen sind aber auch zwischen eukaryotischen Endosymbionten und ihren Wirten nachgewiesen.

2.1.2 Zwischenartliche Beziehungen – Nutzen oder Schaden?

Die Beziehungen verschiedener Arten können in Bezug auf den Nutzen oder Schaden dieser Wechselwirkungen in Konkurrenz, Antibiose, Parabiose (Karpose, Probiose) und Symbiose (Mutualismus) unterschieden werden.

Die Konkurrenzsituation zwischen zwei Arten kann nicht dauerhaft sein

Nach gängiger Definition kann die Konkurrenzsituation zwischen zwei Arten kein Dauerzustand sein **(Konkurrenzausschlussprinzip).** Entweder wird eine Art verdrängt oder sie wandelt sich in ihren Ansprüchen und es kommt zu einem räumlichen (Allopatrie) oder ökologischen (Sympatrie) Nebeneinander. Wenn allerdings unter natürlichen Bedingungen bestimmte Umweltfaktoren – z. B. klimabedingt – dauernd schwanken, so können auch zwei oder mehr Arten mit nahezu gleichen Ansprüchen in einem Lebensraum erhalten bleiben.

Antibiose – des einen Nutzen ist des andern Schaden

Dies gilt vor allem für die **Räuber-Beute-Beziehung** (bzw. Beutegreifer-Beute-Beziehung) und für die Wechselbeziehungen von **Pflanzen und Pflanzenfressern,** aber auch für Parasiten und ihre Wirte. Während **Parasiten** ihren Wirt meist nur stark schädigen, aber nicht unbedingt töten, da sie sich damit die eigene Lebensgrundlage entziehen würden, überleben die Wirte von **Parasitoiden** nicht. Typische Parasitoide sind die Schlupfwespen, die ihre Eier an oder in Raupen legen. Nachdem die Larven geschlüpft sind, wird die Raupe von innen heraus aufgefressen. Dabei werden zunächst die lebenswichtigen Organe geschont, damit der Wirtsorganismus möglichst lange lebt. Letztendlich stirbt der Wirt zu Beginn der Verpuppungsphase der Schlupfwespenlarven.

Parabiose – einseitiger Vorteil ohne Nachteil

Bei vielen interspezifischen Wechselbeziehungen hat ein Partner einen Vorteil, während der andere weder Schaden noch Nutzen davonträgt **(Kommensalismus).** Ein Beispiel sind Aasfresser der Steppen und Wüsten, die größeren Jägern folgen. Oft folgen Vögel größeren Tieren (auch einem pflügenden Landwirt), die Insekten aufscheuchen oder Bodenlebewesen freilegen, die den Vögeln als Nahrung dienen **(Parökie).** Auch die Nutzung der Wohnstätte eines anderen Lebewesens **(Synökie)** oder der Gebrauch des anderen Lebewesens als Transportvehikel **(Phoresie)** – Beispiele sind die Schiffshalter (Fische) oder die Klettfrüchte – bedeutet für eine Art einen Vorteil ohne deutlichen Nachteil für die andere. Bei Aufwuchsorganismen **(Epökie)** auf Schalen von Mollusken oder Krebspanzern oder bei Aufsitzerpflanzen kann man schon von einer gewissen Schädigung der als Unterlage dienenden Organismen ausgehen, wenn der Aufwuchs zu stark wird. In anderen Fällen ist nicht ganz klar, ob nur die eine Art profitiert oder beide Arten, z. B. bei den Clownfischen, die mit Seeanemonen zusammenleben. Der Fisch genießt durch die Anemone, in deren Tentakelkrone er sich ohne Schaden zurückziehen kann, weitgehenden Schutz vor Prädatoren, möglicherweise profitiert die Anemone aber auch von Nahrungsresten des Fisches.

Eine besondere Form der Parabiose ist die **Metabiose,** bei der eine Art durch ihre Aktivitäten wichtige Voraussetzungen für andere Arten schafft, die erst zu einem späteren Zeitpunkt wirksam werden. So sind z. B. verschiedene höhlenbrütende Vogelarten wie Hohltaube, Kleiber oder Dohle auf verlassene Spechthöhlen angewiesen, da sie selbst keine Höhlen bauen können.

Symbiose – gegenseitige Hilfe

Wenn beide Partner von einer Wechselbeziehung Vorteile haben, spricht man i. A. von Symbiose, teilweise wird diese Bezeichnung allerdings auch für alle Formen des Zusammenlebens verwendet, und Beziehungen mit gegenseitigem Nutzen werden **Mutualismus** genannt. In den letzten Jahrzehnten hat sich herausgestellt, dass mutualistische Beziehungen in allen Lebensgemeinschaften eine große Rolle spielen. Wenn eine Symbiose zur Entstehung einer neuen Art beiträgt, wird dies **Symbiogenese** genannt. So lässt sich die Vielfalt der Flechten oder der Korallen nur durch Symbiogenese erklären.

Neben lang andauernden, oft lebenslangen Partnerschaften, wie sie z. B. zwischen Darmbakterien und Rindern oder zwischen Einsiedlerkrebsen und Aktinien bekannt sind, werden z. T. auch Gemeinschaften, die nur von kurzer Dauer sind, als Symbiosen bezeichnet. Solche kurzzeitigen Beziehungen bestehen z. B. zwischen bestäubenden Insekten und Blütenpflanzen. Es gibt jedoch auch hier Beispiele für Gemeinschaften, bei denen die eine Art nicht ohne die andere existieren kann. Dies gilt z. B. für Feige und Feigen-Gallwespe oder für Yucca und Yuccamotte.

Andere Beziehungen – **Allianz** genannt – kennzeichnen vorübergehende Verbindungen, wie diejenige zwischen Madenhackern und Pflanzen fressenden Huftieren oder zwischen großen Riff-Fischen und Putzerfischen.

Basiswissen **Ameisenpflanzen**

Bemerkenswerte symbiotische Gemeinschaften zwischen Tieren und Pflanzen finden sich bei den sogenannten **Ameisenpflanzen** oder **Myrmekophyten.** Sie stellen Hohlräume in Blättern, Stielen oder Wurzeln bereit, die vor allem von Ameisen, aber auch von anderen Kleintieren bewohnt werden. Aus Südostasien sind mehr als 150 Arten solcher Myrmekophyten bekannt. Für die Pflanzen sind die sie besiedelnden Ameisen vor allem ein Schutz gegen Fressfeinde. Ameisen der Gattung *Crematogaster* entfernen von ihrem Wirtsbaum *Macaranga* Insekteneier und pflanzenfressende Raupen, Käfer und andere Gliedertiere, aber auch pilzliche Krankheitserreger. Dafür werden sie vom Wirt mit fett- und eiweißreichen Futterkörperchen belohnt.

Stoffwechselsymbiosen erweitern das Nahrungsspektrum

Sehr charakteristisch sind **Stoffwechselsymbiosen** von Tieren mit Bakterien und Pilzen. Dies hängt damit zusammen, dass bei Bakterien und Pilzen eine Vielzahl von Stoffwechselwegen entwickelt sind, die bei Tieren fehlen. Durch die Symbiose können sich die Konsumenten Nahrungs- und Energiereserven erschließen, die ihnen anderenfalls verschlossen geblieben wären. Gleichzeitig profitieren die endosymbiotischen Mikroben von den Stoffwechselendprodukten ihrer Symbiosepartner und von den relativ geschützten Lebensräumen, die ihnen von diesen geboten werden.

Eine besonders enge Symbiose besteht zwischen Blattläusen und den endocytosymbiotischen Bakterien der Gattung *Buchnera,* die im Inneren besonders großer Darmzellen (Bacteriocyten) leben. Diese **Endosymbionten** werden von Generation zu Generation über die Eier weitergegeben. Das enge Zusammenleben mit den Wirten wird dadurch deutlich, dass von *Buchnera* sämtliche für ihren Wirt essenziellen Aminosäuren produziert werden. Die Blattläuse produzieren als stickstoffhaltiges Exkret Glutamin, das die Bakterien wiederum als Ausgangsstoff für die Produktion dieser Aminosäuren verwenden. Die Bakterien erhalten sogar ihre Außenmembran vom Wirt, sodass diese Symbiose ein Stadium erreicht hat, das *Buchnera* fast schon als ein Zellorganell erscheinen lässt. Ähnliche Symbiosen kommen bei Holz bzw. Cellulose fressenden Insekten wie Tabakkäfern, Borkenkäfern und Termiten vor. Auch blutsaugende Egel, Zecken und Läuse bessern ihre relativ einseitige Nahrung mithilfe symbiotischer Darmbakterien auf.

Prokaryoten schaffen Zugang zum Luftstickstoff

Ein anderer Typ der Stoffwechselsymbiose besteht zwischen **höheren Pflanzen und Prokaryoten,** die Luftstickstoff (N_2) assimilieren können. Besonders bekannt sind diese **Stickstoffendosymbionten** der Gattung *Rhizobium* von den Hülsenfrüchtlern. Sie befinden sich in deren **Wurzelknöllchen.** Bei anderen höheren Pflanzen wie Erlen oder Sanddorn kommen stickstoffbindende, endosymbiotische Actinobakterien der Gattung *Frankia* vor. Blaugrüne Bakterien sind als Symbionten des tropisch-subtropischen Schwimmfarns *Azolla* bekannt und dadurch von erheblicher Bedeutung für die Fruchtbarkeit von Reisfeldern.

Endosymbiotische Algen helfen bei der Kohlenstoffassimilation

Einzellige oder wenigzellige eukaryotische Algen kommen häufig als Symbiosepartner anderer Lebewesen vor, so z. B. als Partner von Pilzen in **Flechten.** Auch bei niederen Tieren spielen Algen als Symbionten eine bedeutende Rolle. Sie finden sich z. B. in den Polypen der Korallen, in marinen Würmern und Schnecken oder in verschiedenen Muscheln und Schwämmen. Durch die Algensymbionten werden die eigentlich heterotrophen Tiere teilweise autotroph. Dies kann bei einigen Strudelwürmern bis zum Verlust des eigenen Darmkanals gehen. Solche Tiere werden auch **Pflanzentiere** genannt; ein Beispiel ist der Strudelwurm *Convoluta roskoffensis* an den Atlantikküsten Südenglands und Frankreichs mit der begeißelten Alge *Tetraselmis convolutae*, die als Endosymbiont aber keine Geißeln ausbildet.

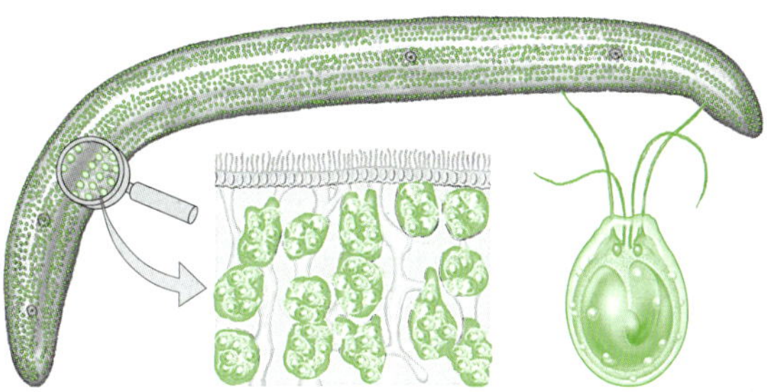

▶ *Strudelwurm Convoluta roscoffensis (oben) und die endosymbiotische Alge Tetraselmis convolutae, rechts als frei lebende Form.*

Endosymbiotische Bakterien lassen Meerestiere leuchten

Viele Tiere in lichtlosen oder lichtarmen Tiefseebereichen haben Leuchtorgane, die als optische Signale für Artgenossen und andere Arten dienen. Teilweise besitzen diese Organismen – wie die Glühwürmchen – selbst die Fähigkeit, zu leuchten, teilweise nutzen sie dazu endosymbiotische Bakterien. Solche **Leuchtsymbiosen** sind von Tintenfischen, Manteltieren und Knochenfischen bekannt. Die Weibchen der Tiefseeanglerfische locken mit ihrem zu „Laternen" umgewandelten ersten Rückenflossenstrahl Beutetiere an.

2.1.3 Angepasstheit und Anpassung

In einem Ökosystem belegt jede Art eine **ökologische Nische,** die sich mit den ökologischen Nischen der anderen Arten überlappen, aber nicht überdecken kann. Sie stellt alle Wechselwirkungen der Art mit den Ressourcen ihrer biotischen und abiotischen Umwelt dar. Die Kombination der durch die Nische in Anspruch genommenen Ressourcen wird **Habitat** (einer Art) genannt. Der Ökologe Eugene P. Odum (1913–2002) hat die ökologische Nische mit dem „Beruf", das Habitat mit der „Adresse" verglichen.

Arten und ihre Nischen formen sich gegenseitig

Die verschiedenen Lebewesen teilen die verfügbaren Ressourcen untereinander auf. Dieser Zustand ist jedoch nicht stationär oder im Gleichgewicht, vielmehr ist er ständigen Veränderungen unterworfen. Dabei entspricht die Evolution der Arten und ihrer Nischen der Evolution der Habitate und Ökosysteme. Zum einen geht es dabei darum, dass Arten durch ihre Umwelt über Selektion an sie angepasst werden:

- **Innerartliche Konkurrenz** aufgrund begrenzter Ressourcen kann zur Aufspaltung in mehrere Nischen **(Annidation)** und damit zur **Artaufspaltung** führen.
- **Zwischenartliche Konkurrenz** kann die Nischen der Arten und damit auch die Arten verändern.
- Der Wegfall oder der Rückgang von **Prädatoren** kann Nischen verändern oder die Bildung neuer Nischen ermöglichen.
- Der Wegfall oder Rückgang von **Nahrungsquellen** (Beutetiere, Nahrungspflanzen) kann Nischen vernichten oder so verändern, dass es über Selektion ebenfalls zu einer Artveränderung kommt.

Zum anderen können Arten durch ihre Wechselwirkungen mit der Umwelt diese verändern und an ihre Nische anpassen und dabei auch neue Nischen für andere Arten bilden (Nischenbildung, Ökosystemformung).

Die Evolution von Arten und Ökosystemen zeigt oft Rückkopplungen

Die Evolution der Arten wird nicht nur von der Umwelt bestimmt, sie verändert die Umwelt auch und wirkt damit auf ihren eigenen Verlauf zurück. Solche Rückkopplungen wirken sich über alle Zeitdimensionen aus und bestimmen damit Makroevolution ebenso wie Mikroevolution. Drei Beispiele mögen dies verdeutlichen:

1. Die zunehmende Fotosyntheseaktivität der Blaugrünen Bakterien führte im Proterozoikum zu einer sauerstoffreichen Atmosphäre und damit zur entscheidenden Voraussetzung für die Evolution vieler aerober Organismen.
2. Die Zunahme des Phytoplanktons im ausgehenden Proterozoikum führte zu einer Zunahme des Calciumcarbonats und schuf damit Voraussetzungen für organismische Kalkstrukturen wie Panzer, Kalkschalen und Skelette.
3. Auf mikroevolutionärer Ebene konnte z. B. an dem System „einzellige Grünalge und Algen fressendes Rädertierchen" nachgewiesen werden, dass rasche evolutive Veränderungen in den Beuteorganismen die nach den Lotka-Volterra-Regeln (s. Seite 88 f.) zu erwartenden Dichteschwankungen der Populationen praktisch aufheben.

Artbildung bei Stichlingen verändert Ökosysteme

Am Ende der letzten Vereisung besiedelten verschiedene Populationen des Dreistachligen Stichlings *(Gasterosteus aculeatus)* aus dem Meer Süßgewässer Nordamerikas. In verschiedenen Seen entlang der Pazifikküste von British Columbia (Kanada) entwickelten sich in den vergangenen 10 000 Jahren durch sympatrische Artbildung (s. Seite 26 f.) aus der Stammart zwei neue Arten, eine, die an den Uferbereich, und eine, die an das Freiwasser angepasst ist. In anderen Seen kommt nur eine Stichlingsart vor. In einem Experiment wurden in Kunstbiotopen von gut 1 m^3 Wasservolumen vier unterschiedliche Kombinationen von Stichlingsarten aus natürlichen Gewässern für je zehn Wochen gehalten. Alle Experimente wurden zehnmal wiederholt. Die Auswertung ergab je nach Artkombination deutliche Unterschiede in den Kunstökosystemen. In dem Kunstbiotop mit dem Uferspezialisten entwickelte sich ein artenreiches Zooplankton, in dem Becken mit dem Freiwasserspezialisten überlebte nur eine Zooplanktonart, dafür sorgte mehr Phytoplankton für Lichtabsorption.

Damit ist der experimentelle Nachweis gelungen, dass Artbildungsprozesse sich direkt auf die Veränderung von Ökosystemen auswirken.

2.2 Umweltfaktoren

Jede Art kann nur innerhalb eines für sie charakteristischen Toleranzbereiches der verschiedenen Umweltfaktoren existieren. Primäre **abiotische Umweltfaktoren** sind Licht/Strahlung, Wärme, Wasser, chemische Faktoren und mechanische Faktoren. Alle anderen Faktoren wie Klima, Relief und Boden setzen sich aus diesen primären Faktoren zusammen. Die Einflüsse der Organismen aufeinander werden als **biotische Umweltfaktoren** zusammengefasst. In vielen Fällen ist die Trennung zwischen abiotisch und biotisch allerdings schwierig. So wird der Wassergehalt des Bodens durch andere Pflanzen derselben Art und anderer Arten beeinflusst, ebenso der Lichtgenuss an einem Standort. Längerfristig werden fast alle abiotischen Faktoren durch die Aktivität von Lebewesen verändert. Es ist deshalb korrekter, von **physikalischen und chemischen Umweltfaktoren** zu sprechen.

2.2.1 Toleranzbereich, physiologische und ökologische Potenz

Bei Betrachtung der Existenzfähigkeit eines Lebewesens in Bezug auf einen Umweltfaktor lässt sich ein Bereich feststellen, innerhalb dessen die Art überleben kann. Nur innerhalb dieses **Toleranzbereiches** ist die Art anzutreffen. Wird die Intensität der Lebensvorgänge gegen einen Umweltfaktor aufgetragen, ergibt sich normalerweise ein glockenförmiger Kurvenverlauf. Der Scheitelpunkt der Kurve kennzeichnet das **Optimum** des Umweltfaktors für die entsprechende Art, das Zusammenfallen mit der Abszisse markiert Minimum und Maximum. Als **Vorzugsbereich** (**Präferendum** von lat: praeferendum = Vorzuziehendes) wird der Bereich nahe des Optimums bezeichnet, in dem sich die Individuen einer Art bevorzugt aufhalten bzw. ansiedeln.

Aus Toleranzkurven für Arten in Reinkultur, d. h. ohne die Wechselwirkungen mit anderen Arten, ergibt sich die **physiologische Potenz.** Der durch den Einfluss anderer Arten, insbesondere ihren **Konkurrenzdruck,** veränderte Toleranzbereich wird als

ökologische Potenz bezeichnet. Bei konkurrenzstarken Arten ähneln sich physiologische und ökologische Potenz (im Beispiel der unten rechts stehenden Abbildung Glatthafer), bei konkurrenzschwachen Arten können beide erheblich voneinander abweichen (im Beispiel Fuchsschwanz und Trespe).

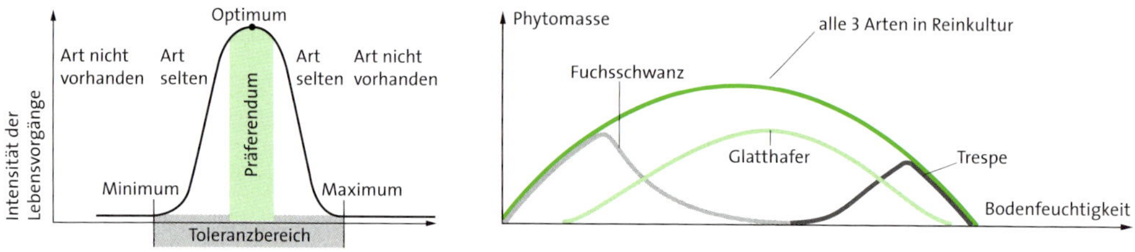

▶ *Links: Toleranzkurve physiologische Potenz; rechts: ökologische Potenz (Hohenheimer Grundwasserversuch)*

Untersuchungen zur physiologischen Potenz hinsichtlich eines Faktors lassen sich am besten im Labor vornehmen, da am natürlichen Standort immer eine Vielzahl von Faktoren zusammenwirkt. Dabei muss auch beachtet werden, dass einige Faktoren – wie z. B. Lufttemperatur und relative Luftfeuchtigkeit – gekoppelt sind.

Basiswissen **Stenökie und Euryökie**

stenöke Arten: Bezeichnung für Arten mit einem engen Toleranzbereich. Sie können zur Beurteilung von Standorten genutzt werden **(Zeigerarten, Bioindikatoren).**
Beispiel: Als **stenohaline** Art ist die Schwimmkrabbe *(Necora puber)* auf relativ konstanten Salzgehalt angewiesen.

euryöke Arten: Bezeichnung für Arten mit einem weiten Toleranzbereich, die Schwankungen von Umweltfaktoren innerhalb weiter Grenzen ertragen.
Beispiel: Als **euryhaline** Art erträgt die Strandkrabbe *(Carcinus maenas)* recht unterschiedliche Salzkonzentrationen.

2.2.2 Physikalische und chemische Umweltfaktoren

Die abiotischen Umweltfaktoren eines Standorts sind oft stark von tageszeitlichen und jahreszeitlichen Schwankungen geprägt. Für die Toleranzbereiche sind dabei Extremwerte meistens wichtiger als Mittelwerte.

Wasser hat als Transport- und Lösungsmittel große Bedeutung

Da alle Stoffwechselvorgänge in wässrigem Milieu stattfinden, sind Lebewesen auf ständige Versorgung mit Wasser angewiesen. Je nachdem, wie viel Wasser in einem Lebensraum zur Verfügung steht, und ob die Verfügbarkeit stark schwankt oder gleichmäßig gegeben ist, zeigen Lebewesen unterschiedliche Anpassungen. Die meisten **Pflanzen** sind auf einen mehr oder weniger gleichmäßigen Wassergehalt ihrer Zellen und Gewebe angewiesen. Bei Wassermangel lässt der durch die große, mit wässriger Lösung gefüllte Zentralvakuole verursachte Druck auf die Zellwand (Turgor) nach und die Pflanze beginnt zu welken. Ab einem bestimmten Grad des Wassermangels sterben die Zellen ab. Solche **gleichfeuchten** oder eigenfeuchten **(homoiohydren)** Pflanzen müssen Einrichtungen haben, die bei geringem Wasserangebot die Wasserabgabe minimieren bzw. die Wasseraufnahme verbessern. Bei schwankendem Wasserangebot müssen sie die Wasserabgabe (und -aufnahme) regulieren können.

Bei Moosen, Farnpflanzen und wenigen Samenpflanzen kommen jedoch auch **wechselfeuchte (poikilohydre)** Arten vor, die periodische Austrocknungen über kürzere oder längere Zeit ertragen. Den Zellen dieser Pflanzen fehlt eine große Zentralvakuole. Wenn das Cytoplasma Wasser verliert, wird die Stoffwechselaktivität stark eingeschränkt; die Pflanzen sterben aber nicht ab. Bei Verbesserung der Wasserverfügbarkeit quillt das Plasma wieder auf und die Lebensprozesse kommen schnell wieder in Gang. – Außer bei Pflanzen kommt Wechselfeuchtigkeit vor allem bei Prokaryoten, Algen, Flechten, Pilzen und einigen niederen Tieren (z. B. den Moospolster bewohnenden Bärtierchen) vor.

Tiere verlieren Wasser durch Ausscheidung und Verdunstung

Auch alle **Landtiere** verlieren durch Ausscheidung und Verdunstung ständig Wasser. Anders als Pflanzen können sich die meisten Tiere jedoch aktiv fortbewegen und damit auch feuchtere Stellen und Wasservorkommen aufsuchen. Je nach Ansprüchen werden Feuchtlufttiere (viele Amphibien, Asseln, Regenwürmer) und Trockenlufttiere (viele Reptilien, Vögel, Insekten) unterschieden. **Feuchtlufttiere** können nur in Gebieten mit hoher Luftfeuchtigkeit leben, da sie bei trockener Luft über die feuchte Körperoberfläche sehr viel Wasser durch Transpiration verlieren würden. **Trockenlufttiere** decken ihren Wasserbedarf direkt durch Trinken oder indirekt durch wasserhaltige Nahrung. Ihre Atmungsorgane (Lungen, Tracheen) sind in das Körperinnere versenkt, wodurch Wasserverluste infolge Transpiration vermieden werden, ebenso wie über die durch Chitin, Verhornung, Schuppen, Federn oder Fell geschützte Haut. Besondere morphologische sowie physiologische Anpassungen und Verhaltensweisen gestatten es einigen Spezialisten, auch noch in trockensten Wüstengebieten zu überleben.

Beispiel: Die **Kängururatten** oder Taschenspringer (Gattung *Dipodomys*) sind sehr gut an die trockenen Bedingungen ihres Lebensraums, die Wüsten- und Halbwüstengebiete im Südwesten der USA und in Nordmexiko, angepasst. Sie müssen nicht trinken, denn

- sie verlassen ihre Höhlen normalerweise nur nachts zur Nahrungssuche.
- die Feuchtigkeit der warmen Ausatemluft, die aus der Lunge kommt, kondensiert während der Passage durch die besonders langen, nur wenig durchbluteten und deshalb kühlen Nasengänge.
- in den extrem langen henleschen Schleifen der Nieren wird der Harn sehr stark konzentriert, mehr als viermal so stark wie der Harn des Menschen.
- dem Kot wird vor der Abgabe fast alles Wasser entzogen.

- aus den trockenen aber fettreichen Samen und Kleintieren, die ihre Nahrung bilden, wird metabolisches Wasser gewonnen (Fettveratmung bringt mehr Wasser als Kohlenhydrat- und Eiweißveratmung).

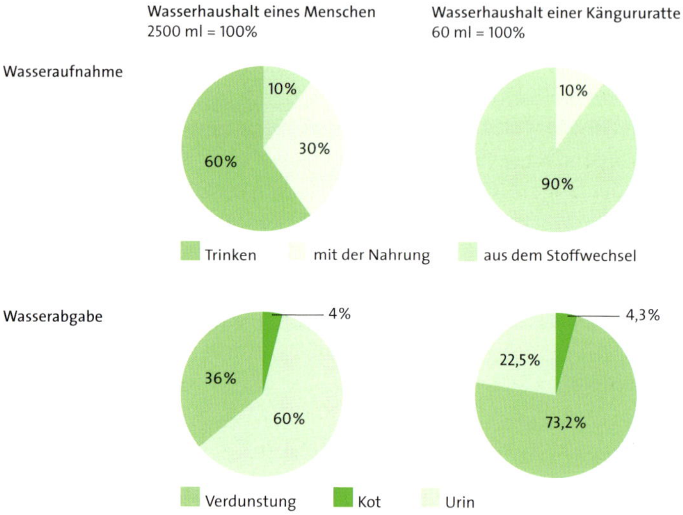

▶ *Wasserhaushalt eines Menschen und einer Känguruatte im Vergleich*

Pflanzen zeigen Anpassungen an die Lichtverhältnisse

Eine ausreichende Lichtintensität ist für Pflanzen und alle anderen Organismen, die mittels **Fotosynthese** Kohlenstoff assimilieren, Lebensvoraussetzung. Viele Pflanzen wachsen dem Licht entgegen (positiver **Fototropismus**), fotosynthetische Einzeller können sich auch aktiv zum helleren Standort bewegen (positive **Fototaxis**). Pflanzen können als Lichtsammler bezeichnet werden. Ihre lang gestreckten Sprossachsen sorgen dafür, dass die eigentlichen Lichtsammelorgane, die Blätter, eine möglichst günstige Position zum einfallenden Sonnenlicht einnehmen können. Dabei unterscheiden sich die Blätter von **Licht-** und **Schattenpflanzen** deutlich. Bei hoher Lichtintensität sind die Blätter in der Regel dicker, sodass pro Fläche mehr Energie aufnehmendes Chlorophyll vorhanden ist und die Lichtenergie dadurch besser ausgenutzt werden kann. Schattenpflanzen hingegen haben sehr dünne Blätter. Teilweise gibt es gewisse Parallelen zwischen Einrichtungen des Verdunstungsschutzes und der Lichtanpassung. In Anpassung an unterschiedliche Lichtintensitäten können sich die Blätter einer Pflanzenart oder sogar diejenigen eines Pflanzenindividuums unterscheiden. Die Pflanze besitzt dann **Sonnenblätter** und **Schattenblätter.**

Licht steuert bei Pflanzen Entwicklungsprozesse

Die **Lichtqualität** (Wellenlänge) und die **Belichtungsdauer** (Tageslänge) beeinflussen die Entwicklungsprozesse von Pflanzen. Dabei sind für die Steuerung von Entwicklungsprozessen vor allem Rotlicht (Pigmente: **Phytochromsystem**) und Blaulicht (Pigmente: **Fototropine**) von Bedeutung.

Langtagpflanzen (u.a. Zuckerrüben, Kopfsalat) blühen, wenn sie mindestens über eine bestimmte kritische Lichtperiodenlänge hinaus (z.B. zwölf Stunden) belichtet werden. **Kurztagpflanzen** (z.B. Chrysanthemen) dagegen bilden ihre Blüten aus, wenn die Belichtungszeit eine kritische Tageslänge unterschreitet. Genau genommen ist bei dieser Lichtsteuerung die **Dunkelphase das Entscheidende.** Dies ist daran zu erkennen, dass eine kurze Unterbrechung der Dunkelphase zur Umsteuerung reicht, während eine kurze Belichtungsunterbrechung keine Folgen hat. Dieser Umstand wird in Gärtnereien zur Blühinduktion genutzt. Bei der Kurztagpflanze Weihnachtsstern wird in Gärtnereien etwa ab Oktober die Dunkelphase künstlich mit dunklen Folien auf mindestens zwölf Stunden verlängert, sodass die Pflanzen pünktlich zur Adventszeit die charakteristischen roten Hochblätter ausbilden, die ihre unscheinbaren Blüten umgeben. Bei **tagneutralen Pflanzen** (z.B. Sonnenblume) hat die Tageslänge keinen Einfluss auf die Blütenbildung.

Licht hat Einfluss auf Verhalten und Entwicklung von Tier und Mensch

So können z.B. tag-, nacht- und dämmerungsaktive Tiere unterschieden werden. Tagaktive Vögel beginnen morgens, je nach Art, zu einer bestimmten Zeit zu singen, wobei der Zeitpunkt von der Helligkeitsstufe bestimmt wird. Eine kritische Tageslänge ist für bestimmte Insekten, Säugetiere und Vögel das Signal zum Aufsuchen der Winterquartiere.

Eine besondere Bedeutung hat das Licht für die **Orientierung** der Tiere über den Sehsinn und für das Erkennen optischer Signale. Der Richtungsfindung dienen z.B. die Sonne (Bienen, Ameisen) oder auch nächtliche Gestirne (Zugvögel). Für nachtaktive Fluginsekten, die ferne Lichtquellen zur Richtungsorientierung nutzen, indem sie zu diesen einen konstanten Winkel einhalten, werden nahe Lichter (Straßenlaternen, Außenbeleuchtung von Gebäuden) zur Lichtfalle. Naturschützer sprechen in diesem Zusammenhang von **Lichtverschmutzung.**

Besondere Bedeutung für viele verschiedene Lebewesen einschließlich des Menschen hat das periodisch wechselnde Tageslicht als **Zeitgeber für eine endogene Rhythmik.** Manche Menschen neigen in der lichtarmen Winterzeit zu Depressionen, die mit einem Einfluss des Lichtes auf den Serotonin/Melatonin-Stoffwechsel im Gehirn in Zusammenhang gebracht werden. Melatonin ist ein Hormon, das in der Epiphyse, einem Teil des Zwischenhirns, gebildet wird. Gegen solche **Winterdepressionen** kann morgendliche Lichttherapie helfen.

Die Temperatur wirkt auf viele Lebensvorgänge ein

Alle Stoffwechselvorgänge in den Lebewesen sind temperaturabhängig. Viele Arten haben in Bezug auf diesen Umweltfaktor deshalb einen relativ engen Toleranzbereich, doch können viele niedere Lebensformen sowie bestimmte Pflanzensamen selbst bei sehr niedrigen Temperaturen lange Zeiten überdauern.

Pflanzen sind sehr stark von der Außentemperatur abhängig. Transpirationskälte und Atmungswärme verhelfen ihnen normalerweise nur zu einer sehr begrenzten Regulation ihrer Körpertemperatur. Allerdings kann die Aufnahme von solarer Strahlungsenergie der Sonne zu einer erheblichen Erwärmung beitragen, wovon z.B. Frühblüher profitieren. Die Art und Weise, wie Pflanzen die kalte Jahreszeit überdauern, ist in winterkalten Klimazonen für die **Lebensform der Pflanzen** entscheidend. Je nach Lage der Überwinterungsknospen wird zwischen Erdpflanzen, Oberflächenpflanzen, Zwergpflanzen und Luftpflanzen unterschieden.

Die Wirkung des Frostes auf die Pflanzen hat nicht nur etwas mit indirekten Frostschäden durch Eisbildung zu tun, Frost erschwert oder verhindert auch den Zugang zum lebenswichtigen flüssigen Wasser **(Frosttrocknis).** Zum einen kann Wasser nicht mehr aus dem Boden aufgenommen werden. Zum anderen ist der Dampfdruck über Eis geringer als über Wasser, deshalb führen Eiskristalle in den Interzellularen zum Wasserentzug aus Zellen.

Für viele Pflanzen ist der jahreszeitliche Temperaturwechsel ein wichtiger Zeitgeber. Manche Samen können nur keimen, wenn sie vorher eine Kälteperiode durchgemacht haben. Zweijährige Pflanzen wie Zuckerrüben, Möhren oder Wintergetreide bilden nur nach einer winterlichen Kälteperiode Blütentriebe **(Vernalisation).** Einige Bäume und Sträucher trockener Gebiete mit häufigen Bränden entlassen ihre Samen erst, wenn sie durch Feuer einer hohen Temperatur ausgesetzt waren **(Pyrophythen).**

Die Temperaturtoleranz beeinflusst die Verteilung auf die Klimazonen

Vor allem bei Pflanzen, aber auch bei den meisten Tierarten bestimmen die artspezifischen Temperaturtoleranzbereiche die Verteilung auf die verschiedenen **Klimazonen** der Erde. Daraus ergeben sich die Großökosysteme oder **Zonobiome.** Einen ähnlichen Einfluss hat die Veränderung der Temperatur mit zunehmender Höhe, woraus die verschiedenen **Höhenstufen** der Vegetation in den Gebirgen resultieren. Gebirgsstufen-Großökosysteme werden **Orobiome** genannt. Je geringer die Temperaturansprüche einer Pflanzenart, desto weiter kann sich ihr Verbreitungsgebiet in die kältesten Regionen, also polnahe Bereiche und Hochgebirge, ausdehnen. Dabei spielen spezielle Frostschutzeinrichtungen ihrer Zellen eine wichtige Rolle. Bei absinkenden Temperaturen werden bestimmte Proteine und Polysaccharide gebildet, welche die Eiskristallbildung im Cytoplasma erschweren. An den kältesten Orten Nordostsibiriens können bei Temperaturen bis unter –70 °C immerhin noch zwei Nadelbaumarten überleben.

Aktivitäten poikilothermer Tiere hängen von der Außentemperatur ab

Fische, Amphibien, Reptilien und Nichtwirbeltiere gehören mit wenigen Ausnahmen zu den **Wechselwarmen (Poikilothermen),** deren Körpertemperatur weitgehend der Umgebungstemperatur folgt. Damit sind auch ihre Körperaktivitäten stark von der Außentemperatur abhängig. Die Körpertemperatur von Vögeln und Säugern unterliegt nur geringen Schwankungen, weshalb man sie auch als **Gleichwarme (Homoiotherme)** bezeichnet. Um diese konstante, meist über der Umgebungstemperatur liegende Körpertemperatur aufrechterhalten zu können, müssen sie in ihren Körpern Wärme produzieren und transportieren. Man nennt dies auch **Endothermie,** im Unterschied zur **Ektothermie** der Wechselwarmen.

Diese Einteilung ist jedoch nicht so eindeutig, wie es zunächst scheint: Reptilien können ihre Körpertemperatur durch Sonnenbad und Aufsuchen schattiger Plätze in gewissem Umfang regulieren, sie sind aber ektotherm. Bestimmte **Dinosaurier** – speziell aus der Gruppe der **Theropoda,** aus der auch die Vögel hervorgingen – waren wahrscheinlich schon gleichwarm und endotherm. Bei Thunfischen, einigen

Haien und Rochen ermöglicht ein spezielles Gegenstromsystem im Blutkreislauf eine etwas erhöhte Kerntemperatur, bei Schwertfischen kann die Gehirntemperatur durch Augenmuskelbewegungen auf 28 °C gehalten werden.

Hummeln haben zwar eine stark wechselnde Körpertemperatur, sie können aber durch Muskelzittern ihre Körpertemperatur endotherm erhöhen, Ähnliches gilt für **Nachtschmetterlinge.** Tagschmetterlinge wiederum nutzen ihre großen Flügel zur Absorption von Wärmestrahlen. **Honigbienen** schließlich sind als Einzeltiere weitgehend wechselwarm, die Temperatur im Bienenstock, insbesondere in den Brutwaben, wird jedoch, durch gleichzeitiges Muskelzittern vieler Individuen einerseits und durch die Verdunstungskälte eingetragenen Wassers andererseits, weitgehend konstant bei 35 °C gehalten.

Auch **Pflanzen** sind in gewissem Umfang zur Temperaturregulation in der Lage. So können verschiedene Aronstabgewächse die Temperatur ihrer Blütenstände durch Atmung ohne ATP-Bildung weit über der Umgebungstemperatur halten. Beim Stinkkohl *Symplocarpus foetidus* kann die Temperatur im kolbenförmigen Blütenstand selbst bei frostigen Außentemperaturen um 20 °C betragen.

Basiswissen **Klimaregeln**

Bei der Verbreitung nahe verwandter homoiothermer Tierarten treten klimabedingt morphologische und physiologische Unterschiede auf, die durch Klimaregeln beschrieben werden können:

- Nach der **bergmannschen Regel** sind Tiere einer Art oder eines Verwandtschaftskreises in kälterem Klima größer als in wärmerem Klima (z. B. Kolkrabe, Pinguine, Füchse).
- Nach **der allenschen Regel** werden die Körperanhänge in kälterem Klima kleiner (z. B. sind die Ohren beim Wüstenfuchs sehr groß, beim Polarfuchs klein).

Beide Regeln lassen sich mit der Wärmeabgabe und ihrer Regulation erklären. In kalten Klimaten, in denen der Wärmeverlust über die Körperoberfläche groß ist, wird dieser verringert, wenn das Verhältnis von Körperoberfläche zu Volumen möglichst klein ist. In warmen Klimaten, in denen die Wärmeabgabe über die Körperoberfläche der Einstellung der richtigen Körpertemperatur und damit dem Schutz vor Überhitzung dient, sind große Oberflächen von Vorteil.

▶ *Ein Beispiel für die Klimaregeln. Links: Fennek oder Wüstenfuchs (Körperlänge 35–40 cm), rechts: Polarfuchs (Körperlänge 45–70 cm)*

Viele Tiere entwickelten Strategien zur Überdauerung von Kälteperioden

Gleichwarme und wechselwarme Tiere haben verschiedene Strategien, mit deren Hilfe sie die kalte Jahreszeit besser überdauern können. **Zugvögel** ziehen über den Winter in wärmere Regionen, insbesondere um dem winterlichen Nahrungsmangel auszuweichen. Die meisten Tiere vermindern im Winter ihre Aktivitäten. Viele wechselwarme Tiere verfallen in **Kältestarre.** Durch das Aufsuchen geschützter Plätze und die Veränderung der Körperflüssigkeiten (Bildung vor allem von Glykoproteinen als Frostschutzsubstanzen) kann deren Gefrieren vermieden werden. Manche Säugetiere – wie Igel und Siebenschläfer – können ihre Körpertemperatur im Winter stark absenken und dadurch den Energieumsatz weit zurückfahren. Während dieses **Winterschlafs** nehmen sie keine Nahrung und Flüssigkeit auf. Andere Säugetiere – wie die Eichhörnchen – vermindern zwar ihre Stoffwechselaktivität, unterbrechen aber die Schlafperioden in regelmäßigen Abständen zur Nahrungsaufnahme. Dabei ist die Körpertemperatur nur wenig herabgesetzt **(Winterruhe).**

Wind, Wasser, Steinschlag und Lawinen beeinflussen die Vegetation

Als **mechanische Umweltfaktoren** werden Einwirkungen von strömendem Wasser, Wind, Schnee, Eis und Bodenbewegungen bezeichnet. Diese Einflüsse haben z. B. an Küsten (Wellenschlag, Dünenbildung, Ebbe und Flut) oder in Gebirgen (Windschliff, Lawinen, Schnee, Steinschlag, Erdrutsche) einen großen Einfluss auf die Vegetation. Die Vegetationsverteilung im Hochgebirge wird entscheidend durch Lawinenrinnen geprägt. Dabei können mechanische Faktoren auch auf andere Faktoren einwirken. Stürme z. B. wirken entweder direkt durch die Windgeschwindigkeit oder dadurch, dass sie Sandkörner oder Salzpartikel transportieren; sie erhöhen aber auch die Transpiration oder verblasen die wärmeisolierende Schneeschicht.

Chemische Umweltfaktoren wirken über Luft, Wasser und Boden

Die chemischen Bestandteile des **Wassers** sind für Wasserorganismen von großer Bedeutung. So ist für die Verteilung der Fischarten auf die verschiedenen Abschnitte eines Fließgewässers v. a. der Sauerstoffgehalt wichtig. Aber auch der Carbonatgehalt, der pH-Wert (Wasserstoffionenkonzentration) und der Gehalt verschiedener Mineralstoffe haben starken Einfluss auf die Lebewesen und ihre Stoffwechselaktivitäten. Für die Primärproduktion der Meere ist häufig der Gehalt an Eisenionen der begrenzende Faktor. Deshalb wird schon seit längerer Zeit diskutiert, ob nicht durch großflächige Eisendüngung die Primärproduktion der Ozeane und die damit verbundene CO_2-Bindung erhöht werden könnte. Der Gehalt an löslichen Salzen ist für das Leben in Gewässern besonders wichtig. So können marine Arten nur in dem zwischen drei und vier Prozent Salz enthaltenden Meerwasser gedeihen, während limnische Arten ihren Toleranzbereich bereits bei 0,1 % Salzgehalt erreicht haben. Es gibt allerdings euryhaline Arten, wie z. B. Lachse und Aale, die sowohl im Süßwasser als auch im Meerwasser gedeihen.

Auch die chemische Zusammensetzung der **Atmosphäre** hat direkten und indirekten Einfluss auf alle Lebewesen. In erdgeschichtlichen Zeiträumen ist hier v. a. der Sauerstoffgehalt zu nennen. Derzeit ist jedoch besonders der Anteil an Treibhausgasen in der Diskussion, der indirekt über das Klima wirkt. Über den Wind verfrachteter Feinstaub z. B. von der Sahara nach Amazonien, ist als Dünger für die dortigen Regenwälder von großer Bedeutung. Für **terrestrische Ökosysteme** wirken sich chemische Faktoren vor allem über die chemische Zusammensetzung der **Böden** aus (s. Seite 79). Giftig wirkende Substanzen, wie Schwermetalle, Pestizidrückstände, Mineralöl oder Substanzen mit Einfluss auf die Oberflächenspannung des Wassers (Detergentien), wirken sehr unterschiedlich auf die verschiedenen Arten und können oft schon zur Verdrängung von Arten führen, ehe deren physiologische Toleranzgrenze erreicht ist.

2.2.3 Biotische Umweltfaktoren

Darunter werden alle Einwirkungen auf einen Organismus verstanden, die von anderen Lebewesen ausgehen – sowohl intraspezifische als auch interspezifische. Dabei können diese Einflüsse sich auf alle unter chemischen und physikalischen Faktoren genannten Wirkungen beziehen, es können aber auch weitere, zwischen den Individuen oder Arten auftretende Wechselbeziehungen die ökologische Potenz und damit die ökologischen Nischen der einzelnen Arten beeinflussen (s. Seite 65 f.).

Pflanzenfresser sind für Pflanzen ein wichtiger Umweltfaktor

Pflanzenfresser können die betroffenen Pflanzen erheblich schädigen. So konnte nachgewiesen werden, dass von Stieleichen mit starkem Raupenbesatz weniger Eicheln produziert werden als von Vergleichsindividuen, die mit Insektiziden behandelt wurden. Auf dieser Erkenntnis beruht der Einsatz von chemischen Schädlingsbekämpfungsmitteln in landwirtschaftlichen Kulturen. Auch kann, ebenfalls wegen Fraßschäden, zu dichter Wildbesatz in mitteleuropäischen Wäldern die Naturverjüngung verhindern oder erschweren. Die Fähigkeit einer Pflanze, die Fraßschäden auszugleichen, ist umso geringer, je höher der Konkurrenzdruck durch andere Arten und je schlechter die Mineralstoff- und Wasserversorgung ist. Unter günstigen Bedingungen kann der Fraßdruck auch zu einer Überkompensation – also zu einem verstärkten Wachstum – führen, vor allem wenn die Fraßschäden früh in der Vegetationsperiode auftreten.

Basiswissen **Phytophagen und Herbivoren**

Der Begriff **phytophag** wird i. A. für alle Lebewesen verwendet, die sich von Pflanzen oder Pflanzenteilen ernähren. Als **herbivor** werden hingegen Lebewesen bezeichnet, die sich von Blättern, Stängeln und Wurzeln ernähren. Dazu gehören auch Saftsauger, Minierer und Gallenbildner, nicht aber Samen- und Früchtefresser sowie Nektarfresser und Pollenfresser.

Für die Zusammensetzung von Pflanzengesellschaften kann die unterschiedliche Reaktion der verschiedenen Arten auf Fraßschäden entscheidend sein. Diese Erkenntnisse werden im Naturschutz genutzt, indem z. B. bestimmte schützenswerte Biotope mit besonderen Arten (z. B. Magerrasen, Feuchtwiesen) durch regelmäßige

Beweidung erhalten werden. Auf diese Weise haben seltene Arten wie Orchideen eine Überlebenschance, die sonst dem Konkurrenzdruck schneller wachsender Arten nicht standhalten könnten. Fast alle Pflanzenteile können von Pilzen, Bakterien und Viren befallen und geschädigt werden. Als Überträger dienen oft pflanzensaugende Phytophagen. Die Ausbreitung von Pilzkrankheiten wird durch Feuchtigkeit, z. B. bei sehr hoher Bestandsdichte, gefördert.

Früchte- und Samenfresser dienen auch der Pflanzenausbreitung

Viele Pflanzenfresser haben sich auf Früchte und Samen spezialisiert. Sie dienen oft gleichzeitig der Samenausbreitung und deshalb kann man bei dieser Beziehung oft eindeutig einen gegenseitigen Nutzen erkennen (Symbiose, s. Seite 61 ff.). Eindeutig ist dies bei solchen Früchten, bei denen nur die fleischige Fruchtwand, nicht aber die – oft auch noch durch einen Steinkern geschützten – Samen verdaut werden. Bei Brombeerarten konnte die Verbreitung entlang von Vogelzuglinien nachgewiesen werden. Eichhörnchen und Eichelhäher fressen zwar viele Eicheln und verstecken weitere durch Eingraben. Da sie diese Vorratskammern jedoch nicht alle wiederfinden, fördern sie auch die natürliche Verbreitung der Eichen.

Basiswissen **Myrmekochorie**

Eine besondere Ausbreitungsart kommt durch die enge Kooperation von Ameisen mit bestimmten Pflanzenarten zustande. Diese Pflanzen entwickeln an ihren Samen besondere nährstoffreiche Anhängsel, sog. **Elaiosomen** (Ölkörperchen), die von Ameisen sehr gerne gefressen werden. Deshalb schleppen sie die Samen zu ihren Bauten. Da sie dabei oft auf der Strecke auch Samen verlieren, ist dies eine effektive Ausbreitungsform. Solche Elaiosomen finden sich insbesondere bei Waldbodenpflanzen, die ansonsten wenig Chancen hätten, z. B. durch Wind ausgebreitet zu werden. Beispiele für solche Pflanzen sind: Hohler Lerchensporn, Waldveilchen, Schneeglöckchen und Weiße Taubnessel. In den Tropen kommen größere Elaiosomen vor, die auch Vögel ansprechen.

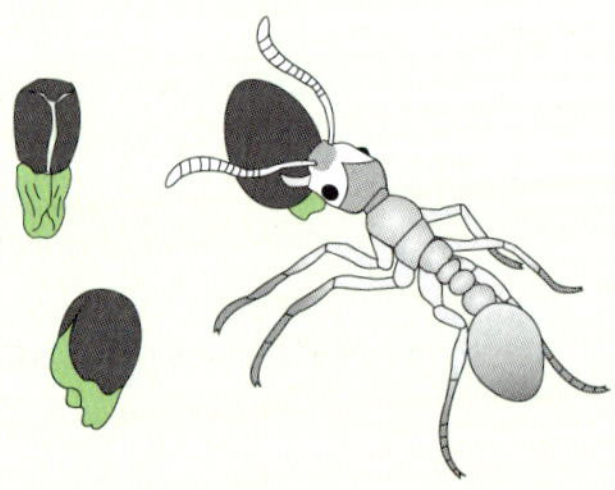

▶ *Links: Samen von Weißer Taubnessel (oben) und Waldveilchen (grün: Elaiosomen). Rechts daneben Ameise, die einen Besenginster-Samen trägt*

Pflanzen können sich gegen Phytophagen verteidigen

Pflanzen können sich auf unterschiedliche Art gegen Herbivoren schützen:

- mechanisch durch Dornen, Stacheln, Trichome
- chemisch durch sekundäre Pflanzenstoffe, die Fressfeinde abschrecken oder vergiften

Dabei kann die Beschädigung durch Herbivoren die Ausbildung von mechanischen, insbesondere aber von chemischen Abwehrmechanismen hervorrufen. Dies kann so weit gehen, dass Nachbarpflanzen von einer befallenen Pflanze durch Pheromone sozusagen gewarnt werden und daraufhin selbst Abwehrstoffe produzieren.

Andere Pflanzenarten setzen als Reaktion auf Herbivorenbefall Substanzen frei, die Feinde dieser Herbivoren anlocken. Maispflanzen, die von Raupen des Zuckerrüben-Eulenfalters angefressen werden, produzieren als Reaktion mehrere flüchtige chemische Verbindungen (Terpenoide), die auf die Schlupfwespe *Cotesia marginiventris* als Lockstoff wirken. Diese Schlupfwespe ist ein Parasitoid der Zuckerrübeneulen-Raupe. Sie legt ihre Eier in die Raupen, die dann nach der Verpuppung der Schlupfwespenlarven absterben. Die chemischen Hilferufe der Maispflanze werden nur ausgesandt, wenn außer der Verletzung auch noch das Oralsekret der Raupe in diese Wunde abgegeben wird. Künstlich beschädigte Pflanzen geben viel weniger Terpenoide ab.

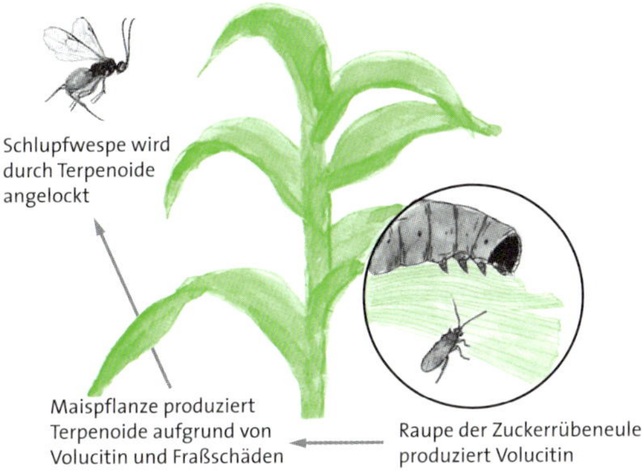

▶ *Maispflanze, die chemische Signale an Parasitoide aussendet*

Beutegreifer töten und fressen andere Lebewesen

Während Herbivoren meist nur einen Teil der Pflanzen fressen und sie nicht töten, ist für die Räuber-Beute-Beziehung typisch, dass die Beute getötet wird. Die Menge der vorhandenen Beutetiere ist dabei für den Beutegreifer ebenso ein wichtiger Umweltfaktor wie die Dichte der Beutegreifer und die Effektivität ihres Fangverhaltens für die Beutetierpopulation (s. Seite 88 f.). Dabei können ganz unterschiedliche Strategien ausgebildet sein:

- **Jäger** lauern ihrer Beute auf oder erjagen sie durch Verfolgung (Schnappschildkröte, Wanderfalke, Wolf).
- **Fallensteller** fangen mit Netzen, Reusen oder Fanggruben (Spinnen, Köcherfliegenlarven, Ameisenlöwen).
- **Sammler** lesen gezielt Beuteobjekte auf (Kohlmeise sammelt Eichenspannerraupen von Blättern ab).
- **Tentakelfänger** benutzen Fangarme zum Einfangen von Beute (Seeanemonen, Polypen).
- **Filtrierer** filtern die Nahrung aus dem Wasser, **Strudler** erzeugen dazu einen Wasserstrom (Bartenwale, Seepocken, Rädertierchen).

Dem Schutz vor Räubern können mechanische Vorrichtungen wie die Stachelflossen des Stichlings, aber auch giftige oder schlecht schmeckende Inhaltstoffe oder Giftstacheln dienen. Tarnung durch farbliche Anpassung und Formanpassung **(Mimese)** erschwert dem Räuber das Auffinden der Beute, auffällige **Warntrachten** können ihm Ungenießbarkeit oder Giftigkeit signalisieren.

Basiswissen **Mimikry**

Allgemein wird das Nachahmen von Warntrachten Mimikry genannt. Dabei werden verschiedene Formen der Mimikry unterschieden:

- **batessche Mimikry:** eine harmlose Art imitiert eine gefährliche (z. B. Schwebfliege – Faltenwespe)
- **müllersche Mimikry:** zwei gefährliche Arten senden die gleichen Warnsignale aus (z. B. Bienen, Wespen, Hornisse). Man könnte dies auch **Signalnormierung** nennen, da es sich um keine Täuschung handelt.
- **peckhamsche Mimikry:** dient der Anlockung von Beutetieren (Angriffsmimikry), Geschlechtspartnern oder anderen nutzbringenden Tieren. Beispiele sind die Geierschildkröte, die mit wurmförmiger Zunge Beutetiere in ihr Maul lockt, oder die Fliegen-Ragwurz, die mit ihrer Blüte ein Grabwespenweibchen imitiert und damit das Männchen zur Bestäubung anlockt.

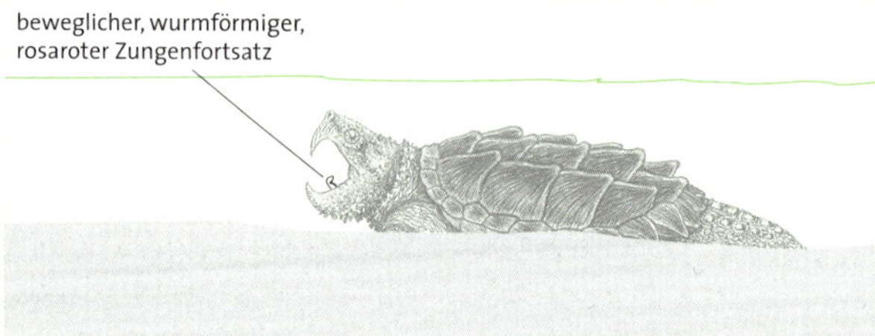

▶ *Geierschildkröte halb im Schlamm eingegraben, lauernd*

- **intraindividuelle Mimikry** beschreibt das Phänomen, wenn ein lebenswichtiger Körperteil – z. B. der Kopf – an einer nicht lebenswichtigen Stelle nachgebildet wird und dadurch einen Räuber täuscht. So bilden einige Zipfelfalter an ihren Hinterflügeln Kopfattrappen mit Augen und Fühlern aus.

Parasiten leben von anderen, ohne sie gleich zu töten

Organismen, die auf Kosten anderer leben, ohne diese sofort zu töten, werden **Parasiten** genannt, die geschädigten Lebewesen werden als **Wirte** bezeichnet. Es wird unterschieden zwischen **Ektoparasiten,** die sich außen am Wirt aufhalten, **Endoparasiten,** die im Wirtskörper leben, sowie Parasiten, die dauerhaft mit dem Wirt verbunden sind, und solchen, die nur gelegentlich parasitieren. Parasiten sind in der Regel an bestimmte Wirtsarten angepasst:

- durch **Haft- und Klammerorgane,** mit denen sie sich am Wirt festhalten können. So halten sich Kopfläuse mit ihren Klammerbeinen an Haaren fest.

- durch besondere Einrichtungen, die ihnen das **Eindringen in den Wirtsorganismus** ermöglichen. Die Gabelschwanzcercarie des Pärchenegels (Erreger der Bilharziose) kann sich durch die menschliche Haut bis zu den Blutkapillaren bohren.
- durch **komplizierte Entwicklungs- und Übertragungswege,** die häufig mit Wirtswechsel verbunden sind. Der Wirt, in dem der Parasit sich geschlechtlich fortpflanzt, wird dann als **Hauptwirt,** der (oder die) andere(n) als **Zwischenwirt(e)** bezeichnet (vgl. Kasten Entwicklungszyklus des Kleinen Leberegels).
- durch **große Eizahlen**, die einen Kontakt mit dem Wirt wahrscheinlicher machen. Bei Bandwürmern enthalten die vom Wirt abgegebenen Bandwurmglieder Hunderte staubfeiner Eier, die vom Wind verbreitet werden können.

Basiswissen **Entwicklungszyklus des Kleinen Leberegels**

Besonders komplizierte, mit Wirts- und Generationswechsel verbundene Entwicklungszyklen finden sich bei parasitischen **Plattwürmern** (Stamm Plathelminthes) mit den Klassen Strudelwürmer, Hakensaugwürmer, Saugwürmer und Bandwürmer. Außer den Strudelwürmern sind die Vertreter dieser Klassen durchweg Parasiten.

Der **Kleine Leberegel** lebt in den Gallengängen in der Leber von Schafen. Seine durch Befruchtung erzeugten Eier gelangen über den Gallenfluss in den Darm und mit dem Kot auf die Weide. Diese Eier werden von Schnecken (Heideschnecke oder Zebraschnecke) aufgenommen. Im Schneckendarm schlüpfen die Wimpernlarven **(Miracidien).** Sie durchbohren den Schneckendarm. In der Mitteldarmdrüse der Schnecke wandeln sie sich zu **Sporocysten,** die sich vegetativ vermehren. Von solchen Sporocysten werden schließlich auch noch andere Nachkommen, die Hakenlarven oder **Cercarien** gebildet. Sie gelangen in die Atemhöhle der Schnecke und werden von der Schnecke in kleinen Schleimbällchen mit bis zu 400 Cercarien ausgeschieden. Diese Schleimbällchen werden von Ameisen gefressen. Die meisten Cercarien gelangen durch die Darmwand in die Leibeshöhle der Ameise, wo sie sich nach ein bis zwei Monaten zu **Metacercarien** encystieren. Nur eine der Cercarien wandert in das Vorderende und befällt das Unterschlundganglion. Dieser Befall ändert das Verhalten der Ameisen. Statt in der Abenddämmerung in den Bau zurückzukehren, klettern sie an einem Pflanzenstängel empor und beißen sich, bedingt durch einen Mandibelkrampf, an der Halm- oder Stängelspitze fest. In dieser Stellung können die Ameisen besonders leicht von dem Endwirt, eben einem Schaf, beim Fressen aufgenommen werden. Über Darm und Gallengang gelangen die Metacercarien dann in die Leber, wo sie sich wieder in Leberegel umwandeln. Dieser Zyklus dauert unter günstigen Bedingungen etwa sechs Monate. **Hauptwirt** des Kleinen Leberegels ist somit das Schaf, **Zwischenwirte** sind Schnecke und Ameise.

Gemeinsame Nutzung einer begrenzten Ressource führt zu Konkurrenz

Wenn zwei oder mehr Arten in einem Lebensraum dieselbe begrenzte Ressource nutzen, führt dies zu Konkurrenz. Meistens sind die konkurrenzbedingten Nachteile für die Arten unterschiedlich, was damit zusammenhängt, dass sie die Ressource unterschiedlich nutzen. Dabei kommt es immer darauf an, dass für die betroffenen Arten räumliche oder zeitliche Ausweichmöglichkeiten bestehen, anders ausgedrückt, dass sich ihre Nutzung der begrenzten Ressource nicht völlig überlappt. Bei einer völligen Überlappung greift das Konkurrenzausschlussprinzip (s. Seite 60).

Beispiel: Zwei nordamerikanische Hummelarten leben zeitweise vorwiegend vom Nektar der Kanadischen Goldrute. Die größere und im Prinzip konkurrenzstärkere der beiden Arten ist jedoch so schwer, dass sie nicht an den Triebspitzen des Goldruten-Blütenstandes sammeln kann. Dadurch können beide Arten parallel existieren.

Eine besondere Rolle spielt die Konkurrenz bei **Neobiota,** also neu in einen Lebensraum eingewanderten oder eingeschleppten Arten. Solche Situationen wurden in erdgeschichtlichen Zeiträumen durch Kontinentalverschiebungen, Meerestransgressionen (z. B. Inselbildung durch Anstieg des Meeresspiegels) und Gebirgsbildungen immer wieder geschaffen. Gegenwärtig spielen bei der Einschleppung von Neobiota v. a. menschliche Aktivitäten eine Rolle.

Beispiel: Der Dreiteilige Zweizahn *(Bidens tripartita),* ein typischer Vertreter flussbegleitender Uferfluren, wurde in manchen Gebieten fast vollständig von dem aus Nordamerika in den 1930er-Jahren nach Mitteleuropa eingeschleppten Schwarzfrüchtigen Zweizahn *(Bidens frondosa)* verdrängt.

Außer der **zwischenartlichen (interspezifischen) Konkurrenz** spielt auch die **innerartliche (intraspezifische) Konkurrenz** eine wichtige Rolle, insbesondere für die **Mikroevolution** (s. Seite 33). Im Laufe der Zeit führt sie zur Veränderung von Arten bzw. Populationen und kann so über den Prozess der **Nischenbildung** (s. Seiten 60 u. 64) zur Ausbildung neuer Arten beitragen.

Kooperation ist genauso wichtig wie Konkurrenz

Beziehungen zwischen Arten, die einer oder beiden oder mehreren Partnerarten zum Vorteil gereichen, sind ein wichtiger biotischer Umweltfaktor. Dabei decken diese mutualistischen Beziehungen ein sehr breites Spektrum ab. Sie reichen von kleinen Vorteilen, die oft auf kurze Zeiträume beschränkt sind, bis zu einer lebenswichtigen, andauernden gegenseitigen Abhängigkeit (s. Seite 61 ff.).

Viele der weniger engen Beziehungen sind nicht sehr spezifisch. Bei der Samenausbreitung oder der Bestäubung z. B. bestehen meist keine sehr engen Beziehungen zwischen den beteiligten Arten. Oft funktionieren Mutualismen auch nach dem Prinzip „der Feind meines Feindes ist mein Freund“. So profitieren Wasserschnecken von dem Algenaufwuchs an Wasserpflanzen, und diesen nützt das Abweiden der Algen durch die Schnecken, da ihnen die Algen das Licht wegnehmen. Dabei können auch aktive Mechanismen ein Rolle spielen: Pflanzen können bei Herbivorenbefall Pheromone ausschütten, die Parasitoide der Fressfeinde anlocken (s. Seite 75), oder sie setzen Substanzen, wie z. B. Methyljasmonat, frei, die benachbarte Pflanzen, auch anderer Arten, zur vermehrten Synthese von Schutzsubstanzen gegen Herbivoren veranlassen.

2.2.4 Der Boden – ein Faktorengemisch

„Boden ist die oberste, unter dem Einfluss von Klima und Lebewesen veränderte Schicht der Erdkruste" (H. WALTER, 1951). Für die Bodenbildung sind die Prozesse physikalischer und chemischer Verwitterung des Ausgangsgesteins sowie der Abbau organischer Abfälle (Humusbildung) eines bestimmten Standortes verantwortlich. Es wirken also abiotische und biotische Faktoren zusammen. So entsteht ein Substrat für das Pflanzenwachstum, das schon JUSTUS VON LIEBIG (1803–1873) als „die Quelle aller Güter" bezeichnete. Bodenfaktoren werden auch als **edaphische Faktoren** (von griech. edaphos = Erdboden) bezeichnet.

Boden entsteht aus Gestein und organischen Abfällen

Durch physikalische und chemische **Gesteinsverwitterung** entstehen **Tonmineralien.** Das sind relativ kompliziert aufgebaute kristalline Strukturen (z. B. Montmorillonite mit der Formel ($Al_2[(OH)_2/Si_4O_{10}] \cdot nH_2O$). Sie bestehen aus kleinen, an ihrer Oberfläche etwas negativ aufgeladenen Plättchen (Durchmesser 500 nm, Abstand 1,3 nm). Solche Quellkörper können nicht nur Wassermoleküle anlagern, sondern auch Kationen locker binden. Besonders die Absättigung mit Ca^{++}-Ionen führt zu einer für die Durchlüftung und den Wasserhaushalt des Bodens sehr günstigen Krümelstruktur der Tonminerale. Bei stark saurer Bodenreaktion sind die Tonminerale nicht beständig. Sie zerfallen in Sesquioxide (Fe_2O_3, Al_2O_3) und Quarz (SiO_2). In humidem Klima werden die Sesquioxide ausgewaschen und es bleibt der extrem nährstoffarme Quarz als Bleicherde zurück.

Neben den Tonmineralien kommt den **Humusstoffen** als Abbauprodukten der organischen Abfälle eine wichtige Rolle zu. Besonders günstig für den Nährmineral- und Wasserhaushalt des Bodens ist der **milde Humus,** der bei Gegenwart von Kalk aus **Rohhumus** entsteht. Er ist kennzeichnend für die äußerst fruchtbaren Schwarzerdeböden. Die im milden Humus enthaltenen Huminsäuren besitzen, wie die Tonminerale, Plättchenstruktur und bilden mit diesen die sehr quellungsfähigen **Ton-Humus-Komplexe.**

Bodentypen sind durch das Bodenprofil gekennzeichnet

Nach dem Aussehen und der Zusammensetzung werden verschiedene Schichten **(Bodenhorizonte)** unterschieden, deren Abfolge für jeden Bodentyp charakteristisch ist:

- **L-Horizont:** Streuschicht, organisches Ausgangsmaterial
- **A-Horizont:** Oberboden, vorwiegend Abbau des organischen Materials
- **B-Horizont:** Unterboden, Tonanreicherung, Bildung von Ton-Humus-Komplexen
- **C-Horizont:** Ausgangsgestein, verwitternd

Unter dem Einfluss bestimmter klimatischer Bedingungen entstehen bei gegebenem Gesteinsuntergrund jeweils ganz spezifische Bodentypen. Ähnlich wie die Vegetationszonen (s. Seite 99 ff.) korrespondieren deshalb auch bestimmte Bodentypen mit den verschiedenen Klimazonen der Erde. Ein häufiger Bodentyp des humiden gemäßigten Klimas Mitteleuropas ist die **Braunerde** mit der Horizontabfolge Ah/Bv/C, wobei die kleinen Buchstaben für besondere Prozesse in den Horizonten stehen (h = Humusanreicherung, v = Tonanreicherung). Böden entwickeln sich. Junge Böden bestehen aus A/C-Profilen **(Ranker)**, alte Böden sind durch eine starke Auswaschung des A-Horizonts gekennzeichnet, z. B. die Bleicherden **(Podsole)** auf kalkarmem Ausgangsgestein (beispielsweise auf den vorwiegend aus Sand und Kies bestehenden Sanderflächen Norddeutschlands).

Bodeneigenschaften sind wichtige Faktoren für das Pflanzenwachstum

Die wichtigsten Funktionen des Bodens sind:
- Wasserspeicherung
- Speicherung von für die Pflanzen wichtigen Mineralstoffen
- Verhinderung von Erosion
- Schadstoffadsorption (Filterung)

Insbesondere Stickstoff, Phosphor und Schwefel, aber auch Calcium, Kalium, Eisen, Magnesium und alle Spurenelemente werden von den höheren Pflanzen fast ausschließlich über die Wurzeln aus dem Boden aufgenommen. Beim Abbau der organischen Abfallstoffe durch die Bodenorganismen werden diese Elemente als Nitrate, Phosphate, Sulfate freigesetzt und dem Boden laufend zugeführt, wodurch ein weitgehender **Stoffkreislauf** möglich wird (s. Seite 90 ff.).

Recycling im Boden

Für das Recyclingsystem des Bodens sind verschiedene Bodenorganismen verantwortlich, die als Abfallfresser (**Saprobionten,** Saprovoren oder Saprophagen) zusammengefasst werden:
- **Türöffner:** Bakterien und Pilze bauen schwer zersetzliche Stoffe wie Wachse und Blattcuticula ab und machen den Abfall für andere zugänglicher.
- **Phytophagen** leben von toter oder absterbender Pflanzenmasse (z. B. Asseln, Saftkugler, Bandfüßer, Schnurfüßer, Schnecken, Regenwürmer, Enchyträen, Springschwänze, Hornmilben, Moosmilben).
- **Zoophagen I. Ordnung** erbeuten Phytophagen (z. B. Raubmilben, Steinläufer).
- **Zoophagen II. Ordnung** leben von Zoophagen I. Ordnung (Laufkäfer, Maulwurf, Spitzmäuse).
- **Nekrophagen** sind Aasfresser (z. B. Totengräber u. a. Aaskäfer, Zweiflüglerlarven).
- **Koprophagen** leben von Exkrementen (z. B. Mistkäfer, Dungkäfer, Fliegenlarven).
- **Mineralisierer** (Pilze und Prokaryoten) bauen die organischen Reststoffe zu Mineralstoffen, Wasser und Kohlenstoffdioxid ab.

Der Stoffumsatz im Boden ist vom Klima und von der Durchlüftung abhängig. Je rascher und vollständiger die Zersetzer arbeiten, desto geringer ist einerseits die Humusbildung, desto größer aber andererseits meist die Produktivität des Ökosystems. Im hochproduktiven tropischen Regenwald werden organische Abfälle sehr rasch bis zur mineralischen Stufe abgebaut, die Humusschicht ist deshalb dünn und die Gefahr der Auswaschung und Erosion nach Abholzung daher groß. In den polaren Tundren geht der Abbau sehr langsam voran, entsprechend können mehrere Meter dicke Rohhumusschichten (wenig zersetzter Humus) abgelagert werden. Bei ganz schlechter Zersetzung des organischen Materials (etwa durch Wassereinfluss) entsteht Torf, ein Prozess, der für Hochmoore typisch ist. Bei stark sauren Böden überwiegen Pilze als Zersetzer und Mineralisierer, Rohhumusbildung herrscht vor. Bei neutralen Böden spielen hingegen tierische Zersetzer und Bakterien eine größere Rolle, es bilden sich Huminsäuren, die sich bei Gegenwart von Ca^{++} mit Tonmineralien zu **Ton-Humus-Komplexen** verbinden.

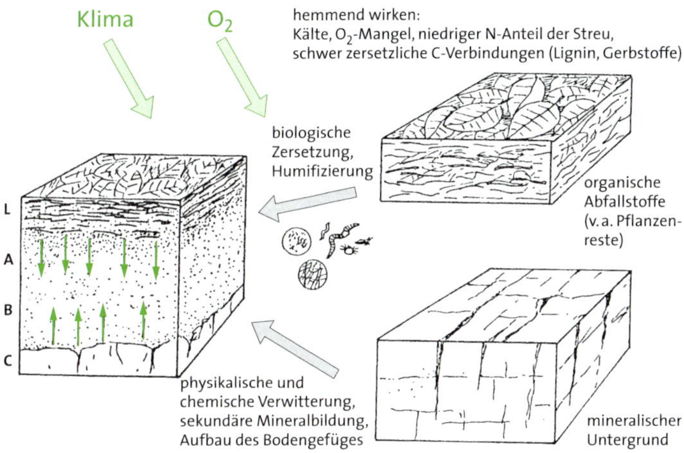

▶ *Bodenbildungsprozesse*

Durch Zersetzung und Verwitterung werden der Bodenlösung Ionen zugeführt, durch Mineralbildung dagegen entzogen. Die Ionen können aber auch von Pflanzenwurzeln aufgenommen oder durch Regenwasser ausgewaschen werden. Um die Ionen konkurrieren also die sich bildenden Bodenminerale, die Pflanzen und die sich bewegende Bodenlösung. Neben dem Wassergehalt des Bodens wirken sich vor allem der Nitratgehalt, der Kalkgehalt und der Gehalt an leicht löslichen Salzen auf die Vegetation und damit das ganze Ökosystem eines Standorts aus.

Basiswissen **Zeigerpflanzen für Bodenqualitäten**

Bodenanzeiger: treten ausschließlich oder vorzugsweise auf bestimmten Böden auf und bilden dort charakteristische Pflanzengesellschaften. Beispiele sind:
Nitratzeiger: z. B. Wiesen-Kerbel, Wiesen-Bärenklau, Große Brennessel, Giersch, Gewöhnlicher Beifuß
Kalkzeiger: Nieswurz, Sichelmöhre, Gewöhnliche Küchenschelle, Goldaster
Halophyten: Für die meisten Pflanzen sind leicht lösliche Chloride und Sulfate im Boden giftig, da sie die Wasseraufnahme verhindern und das Cytoplasma schädigen. Wenige Spezialisten gedeihen jedoch v. a. an den Küsten, so z. B. Queller, Schlickgras, Salzmiere, Meersenf, Stranddistel, Salzaster.
Einige Halophyten haben sich entlang der im Winter mit Salz gestreuten Autobahnen weit ins Binnenland ausgebreitet, z. B. die Strandnelke.

2.3 Ökologie der Populationen

In der Populationsökologie steht nicht das einzelne Individuum, sondern die Population im Mittelpunkt. Es wird untersucht, wie sich abiotische und biotische Umweltfaktoren auf die zeitlichen Veränderungen der Populationsgröße, die Altersstruktur einer Population und die Verteilung ihrer Mitglieder im Raum auswirken.

2.3.1 Individuendichte, Verteilung und Altersstruktur von Populationen

Alle Individuen einer Art, die zur gleichen Zeit in einem relativ abgeschlossenen Gebiet leben und eine Fortpflanzungsgemeinschaft bilden, werden als **Population** bezeichnet. Gegenüber Einzelindividuen zeichnet sich eine Population durch eine Reihe zusätzlicher Merkmale aus:

- Populationsgröße; sie bezeichnet die Anzahl der Individuen insgesamt und ihre Anzahl pro Flächen- bzw. Raumeinheit (Populationsdichte oder **Abundanz**).
- Verteilung der Individuen im Raum und eventuell auch in der Zeit **(Dispersion)**
- Altersstruktur **(Demografie)**
- Verteilung der Geschlechter
- Zuwanderung **(Immigration)** und Abwanderung **(Emigration)**
- Geburtenrate **(Natalität)** und Sterberate **(Mortalität)**

Die Populationsgröße wird durch Individuendichte und Areal bestimmt

Die Anzahl der Individuen einer Population ergibt sich aus der Größe ihres Siedlungsgebietes (Areal) und der Anzahl der Individuen pro Flächeneinheit oder Raumeinheit. Um die Größe einer Population abschätzen zu können, kann z. B. die Individuenzahl in Teilflächen ermittelt und auf die Gesamtfläche hochgerechnet werden. Dazu sollte aber auch noch die Verteilung bekannt sein. Sie kann zufällig, regelmäßig oder gehäuft sein.

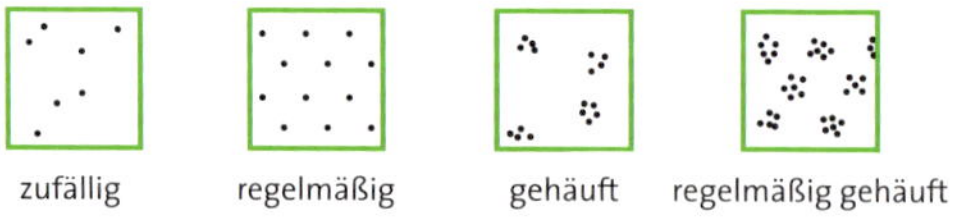

▶ *Dispersionsmuster von Populationen*

Die **Populationsdichte** von sessilen Individuen kann einfach durch Auszählen ermittelt werden, für ortsbewegliche Individuen eignet sich z. B. die **Fang-Wiederfang-Methode.** Hierzu wird eine zufällige Stichprobe von Individuen gefangen, markiert und wieder entlassen. Nach einiger Zeit wird nach derselben Methode wieder eine Stichprobe genommen. Bei einer zufälligen Verteilung der Individuen entspricht dann das Verhältnis der markierten Wiedergefangenen zu den nicht markierten des zweiten Fangs dem Verhältnis aller Markierten zur Gesamtanzahl. Die Dispersionsmuster und die Gesamtgröße einer Population hängen sehr stark von Umweltfaktoren ab, so z. B. von der Verteilung von Nahrung, von zwischenartlicher und innerartlicher Konkurrenz und von dem durch Beutegreifer ausgeübten Druck auf die Population. Entsprechend diesen Bedingungen fasst ein Lebensraum nur eine maximale Individuenzahl einer Population, wobei der ungünstigste Faktor begrenzend wirkt. Dieses maximale Fassungsvermögen wird auch als **Kapazität** eines Lebensraumes für eine bestimmte Population bezeichnet.

Populationen können einen unterschiedlichen Altersaufbau haben

In Populationen kann das Zahlenverhältnis der Individuen verschiedener Altersstufen bzw. Entwicklungsstadien unterschiedlich sein. Dies lässt sich grafisch darstellen: Wenn die Sterberate in einer Population geringer ist als die Geburtenrate, ist die Anzahl der Jungtiere am höchsten. Die Grafik der Populationsstruktur hat die Form einer Pyramide. Wenn die Populationsgröße ungefähr gleich bleibt, ähnelt die Grafik einer Glocke. Bei geringer Geburtenrate und abnehmender Populationsgröße hat das Diagramm der Altersstruktur eine Urnenform.

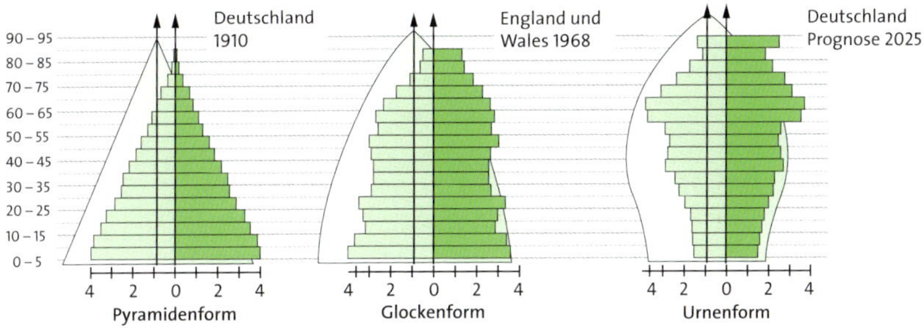

▶ *Altersstrukturen in Populationen*

Wird die Überlebensrate der verschiedenen Altersklassen einer Population grafisch im logarithmischen Maßstab dargestellt, ergibt sich eine **Überlebenskurve.** Diese Kurven können sehr unterschiedlich ausfallen, grundsätzlich können aber zwei Extreme unterschieden werden:

- Die Kurve beginnt mit einem sehr steilen Anfangsteil, der durch die hohe Sterblichkeit der Jungtiere zustande kommt. Dann flacht die Kurve stark ab, was damit zusammenhängt, dass Tiere, die eine gewisse Größe erreicht haben, auch eine gute Chance haben, länger zu überleben. Dieser Kurvenverlauf ist charakteristisch für Tiere mit sehr hohen Nachkommenzahlen, von denen immer nur ein ganz kleiner Anteil das Jugendstadium überlebt. Zu dieser Gruppe gehören viele Wirbellose aber auch frei laichende Fische ohne Brutpflege.
- Die Kurve beginnt sehr flach, d. h. viele Jungtiere überleben. Zum Schluss fällt die Kurve steil ab, weil die meisten Tiere ein bestimmtes, dem erreichbaren Höchstalter nahe liegendes Alter erreichen. Zu dieser Gruppe gehören Tiere mit geringer Nachkommenzahl und intensiver Brutpflege, wie man sie bei vielen Vögeln und Säugetieren (einschließlich des Menschen) antrifft.

Die meisten real beobachtbaren Kurven liegen jedoch zwischen diesen beiden Extremen.

2.3.2 Wachstum von Populationen

Neben der Altersverteilung und der Geschlechtsverteilung der Individuen ist für die Populationsökologie das Wachstum von Populationen von besonderem Interesse. Dabei liegen dem Populationswachstum aller Organismenarten dieselben Gesetzmäßigkeiten zugrunde.

2

Unbegrenztes Wachstum verläuft exponentiell

Um das Wachstum einer Population zu beschreiben, sind die **Geburtenrate (Natalität *n*)** und die **Sterberate (Mortalität *m*)** von Bedeutung. Aus der Differenz ergibt sich die **Zuwachsrate *r*,** die auch negativ sein kann, was dann bedeutet, dass die Population kleiner wird:

$$r = n - m$$

Wenn Populationen Zugang zu unbegrenzten Nahrungsquellen haben und ihre Reproduktion auch sonst – z. B. durch Prädatoren oder Parasiten – nicht eingeschränkt wird, zeigen sie **exponentielles Wachstum,** d. h. ein Wachstum ohne Grenzen, nach der Gleichung

$$\frac{dN}{dt} = r \cdot N \qquad \text{(N = Individuenzahl; t = Zeit; r = Wachstumsrate)}$$

Durch Integrieren wird daraus eine Gleichung erhalten, mit der die Populationsgröße zu einer bestimmten Zeit berechnet werden kann:

$$N_t = N_0 \, e^{rt}$$

Exponentielles Wachstum ist für eine frisch angesetzte Bakterienkultur charakteristisch, aber auch für eine kleine Population, die in einen neuen Lebensraum versetzt wurde, in dem ihre Individuenzahl weit unter der Kapazitätsgrenze liegt. Die Kurven verlaufen immer sehr ähnlich, unabhängig davon, wie groß die Zuwachsrate *r* ist. Sie fangen flach an und biegen dann ziemlich plötzlich steil nach oben. Die Zuwachsrate entscheidet nur darüber, wie lange (d. h. wie viele Generationen lang) es dauert, bis die Kurve nach oben abknickt, wie die folgende Abbildung veranschaulicht:

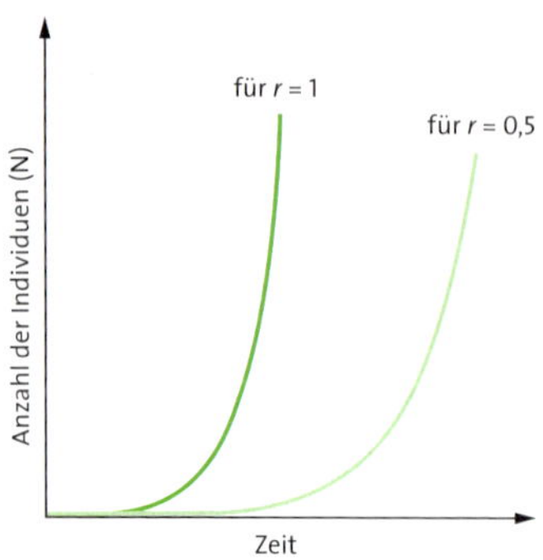

▶ *Exponentielles Wachstum: Wachstumskurven bei unterschiedlichen Werten der Zuwachsrate*

Logistisches Wachstum hat Grenzen

Unter realistischen Bedingungen stehen Ressourcen nur für einen bestimmten Zeitraum unbegrenzt zur Verfügung. Deshalb verringert sich die tatsächliche Wachstumsrate einer Population umso mehr, je näher sie der Kapazitätsgrenze kommt. Hat sie ihre Kapazität erreicht, gibt es keinen Zuwachs mehr. Dies kann mathematisch modelliert werden, indem in die Wachstumsgleichung ein Korrekturfaktor eingefügt wird:

$$\frac{dN}{dt} = r \cdot N \cdot \frac{(K - N)}{K}$$

(N = Individuenzahl; t = Zeit; K = Umweltkapazität, d. h. das maximale Fassungsvermögen der gegebenen Umwelt für eine bestimmte Art)

Ein durch diese Formel wiedergegebenes Wachstum wird als **logistisches Wachstum** bezeichnet. Wenn N sehr viel kleiner als K ist, geht der Korrekturfaktor gegen eins und das Wachstum ist weitgehend exponentiell. Nähert sich N der Kapazität an, geht der Korrekturfaktor gegen null und bei $N = K$ kommt das Wachstum schließlich zum Stillstand. Wird N gegen die Zeit aufgetragen, ergibt sich beim logistischen Wachstum eine sigmoide Kurve (S-Kurve), die schließlich beim Wert K in eine Gerade übergeht. Wie dieser Rückgang real zustande kommt, ist durch das mathematische Modell allerdings nicht erklärt. Es kann angenommen werden, dass in diesem Fall sowohl die Sterberate ansteigt als auch die Geburtenrate absinkt. Die größte Steigung hat die logistische Wachstumskurve dann, wenn die Individuendichte der halben Kapazität entspricht.

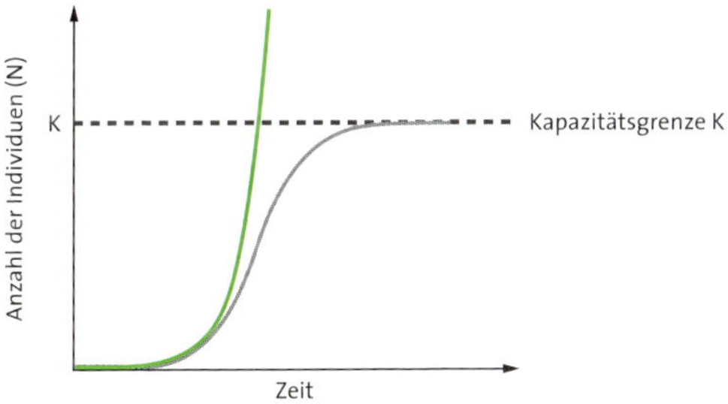

▶ *Logistisches Wachstum, bei dem sich die Individuenzahl asymptotisch der Umweltkapazität annähert. Die grüne Kurve zeigt dazu im Vergleich exponentielles Wachstum mit der gleichen Zuwachsrate $r = 1$*

In realen Populationen kommt es zu Fluktuationen

Im logistischen Wachstumsmodell wird angenommen, dass sich der Rückgang der Geburtenrate und der Anstieg der Sterberate linear verhalten. In realen Populationen kommt es jedoch meist zu einem verzögerten Rückgang der Geburtenrate. Dadurch übersteigt die Populationsgröße zunächst die Kapazitätsgrenze, was dann wiederum zu einer drastischen Erhöhung der Sterberate führen kann. Auf diese Weise kann es zu anhaltenden Fluktuationen der Individuenzahl um die Kapazitätsgrenze kommen. In manchen Fällen kommt es auch zu einer weit über die Kapazitätsgrenze hinausschießenden **Massenvermehrung,** deren Folge dann, z. B. nach Kahlfraß des Lebensraums, ein völliges Zusammenbrechen der Population sein kann. Typisch sind solche auch als **Gradation** bezeichneten Massenvermehrungen für Schädlingspopulationen in Monokulturen. Statt Gradation wird dann der Begriff der **Kalamität** verwendet.

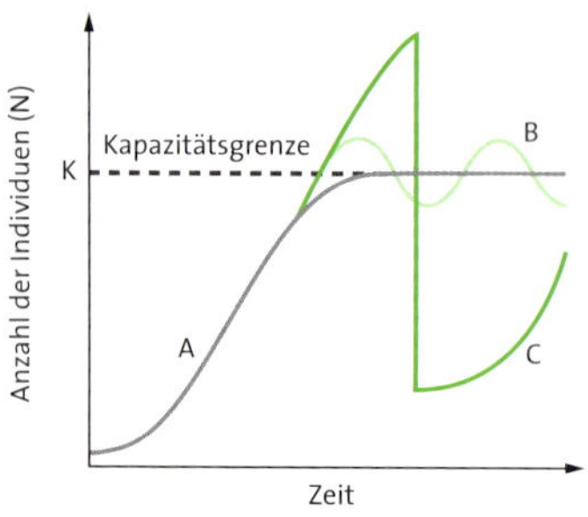

▶ *Massenvermehrung (Gradation, Kurve C) und Massenwechsel (Fluktuation, Kurve B). Zum Vergleich die Kurve für logistisches Wachstum (Kurve A)*

Masse oder Qualität? Die *r*- und die *K*-Strategie

Bei niedriger Populationsdichte und exponentiellem Wachstum ist es günstig, wenn die Wachstumsrate sehr hoch ist, das heißt, wenn Einzelindividuen eine sehr hohe Zahl von Nachkommen produzieren können. Bei einer Populationsdichte nahe der Kapazitätsgrenze fördert die natürliche Selektion jedoch solche Eigenschaften, die den Individuen eine hohe Konkurrenzfähigkeit verleihen und auch bei geringen Ressourcen ein Überleben der Nachkommen garantieren können. Die Selektion von Merkmalen, die für eine Population nahe der Kapazität K günstig sind, wird als ***K*-Selektion** bezeichnet. Aus ihr ergibt sich für die Individuen eine ***K*-Strategie.** Da es bei dieser Strategie um Überlebensfähigkeit und gute Angepasstheit an Umweltfaktoren geht, wird sie auch **Anpassungsstrategie** genannt. Die Selektion, die bei niedriger Individuendichte wirkt, wird als ***r*-Selektion** bezeichnet, die Individuen verfolgen eine ***r*-Strategie,** die auch **Vermehrungsstrategie** genannt wird.

Bei der *r*-Strategie wird die Fortpflanzungsrate der Einzelindividuen sehr hoch gehalten. Dadurch kann ein Lebensraum sehr rasch „ausgefüllt“ werden. Typisch ist eine solche Strategie z. B. für Lichtungspflanzen der borealen Nadelwaldgebiete, die eine große Zahl flugfähiger Samen produzieren, mit deren Hilfe sie auf Windbruchflächen oder nach Waldbränden sofort den entstehenden Freiraum besetzen können. Die Lebenszeit der einzelnen Lichtungspflanzen ist dabei meist kurz. Große Waldbaumarten hingegen, wie z. B. Stieleichen, verfolgen eher eine *K*-Strategie. Sie sind langlebig und Naturverjüngung kommt nur in geringem Maße zustande. Auch für große Säuger wie Elefanten und Wale ist die *K*-Strategie charakteristisch.

Natürlich stellen die beiden Strategien und die zugrunde liegenden Selektionsmechanismen zwei gegensätzliche Pole dar. In der Realität sind alle Übergänge zu finden.

Eine gewisse Verbindung dieser unterschiedlichen Strategien besteht auch zum **Lebenszyklus von Organismen.** Es gibt Arten, die sich nur einmal fortpflanzen und dann absterben. Ein Beispiel sind die Lachse, die nach vier Jahren im Meer in den Oberlauf von Flüssen zurückkehren, um dort mehrere tausend Eier abzulaichen. Danach sterben sie. Auch viele Pflanzenarten bilden nur einmal in ihrem Lebenslauf Samen, insbesondere die ein- und zweijährigen Pflanzen, aber auch mehrjährige Pflanzen, wie z. B. viele Agaven. Dieses Phänomen wird als **Semelparie** (von lat. semel = einmal, parere = hervorbringen) bezeichnet. Andere Arten können sich im Laufe ihres Lebens mehrfach fortpflanzen, Sie sind **iteropar** (von lat. iter = wieder). Semelparie könnte dann von Vorteil sein, wenn die Überlebenschancen ohnehin gering sind. Unter solchen Bedingungen ist es sinnvoll, die ganze Kraft in möglichst viele einmalig erzeugte Nachkommen zu stecken. Die Tabelle zeigt die wesentlichen Merkmale von *r*- und *K*-Strategen auf und nennt jeweils einige Beispiele:

Merkmal	*r*-Strategen	*K*-Strategen
Lebensdauer	kurz	lang
Individualentwicklung	schnell	langsam
Vermehrungsrate	hoch	niedrig
Nachkommenzahl	viele	wenige
elterliche Fürsorge	gering oder keine	ausgeprägt
Sterberate	hoch	niedrig
Umweltbedingungen	wechselhaft	konstant
Populationsgröße	stark schwankend	konstant, nahe K
innerartliche Konkurrenz	schwach, unregelmäßig	stark
Beispiele	Feldmäuse, Hasen, viele Insekten, Kleinkrebse, einjährige Pflanzen	Wale, Elefanten, Primaten, Mensch, Bäume, Sonderfall: soziale Insekten

2.3.3 Regulation der Populationsgrößen

Das Wachstum natürlicher Populationen ist begrenzt. Aber durch welche Umweltfaktoren werden die Grenzen festgelegt und eingehalten? Bei der Verminderung der Populationsgröße können dichteabhängige (innerartliche Konkurrenz) und dichteunabhängige Faktoren unterschieden werden. Dabei spielen die innere Dynamik einer Population, aber auch die Einwirkung von anderen Populationen eine wichtige Rolle. Die unten stehende Tabelle zeigt einige Faktoren auf, welche die Populationsgröße vermindern:

Faktoren	Abnahme der Populationsdichte durch
1. dichteabhängige Faktoren	
Nahrungs- und Energieangebot	■ Abwandern bzw. Aussterben einer Art ■ Erhöhung der Sterblichkeitsrate, z. B. durch Krankheiten oder Lichtmangel (Pflanzen)
Platzangebot	■ Territorialverhalten ■ Stress (erhöhte Aggressivität, Abnahme der sexuellen Aktivität, Kannibalismus)
2. dichteunabhängige Faktoren	
Witterungsbedingungen (Licht, Temperatur, Feuchte, Wind)	■ z. B. Erfrieren (strenge Winter) ■ z. B. Verdursten (Trockenheit oder Dürre)
Katastrophen	■ z. B. Vernichtung der Nester bodenbrütender Vögel durch Hochwasser ■ z. B. Vernichtung durch Brände

Die Populationen von Räuber und Beute regulieren sich gegenseitig

Dichteabhängige und dichteunabhängige Faktoren bewirken eine innere Dynamik der Populationsentwicklung. Außerdem können sich Populationen aber auch gegenseitig beeinflussen. Wenn in einem Biotop eine große Anzahl von Beutetieren vorkommt, steigt der Fortpflanzungserfolg der Räuber. Die größere Räuberdichte vermindert die Anzahl der Beutetiere. Wenn die Räuber daraufhin weniger Nahrung finden, können sie weniger Nachkommen großziehen, und das Wechselspiel beginnt von Neuem.

Beispiel: Das wohl bekannteste Beispiel für eine solche Räuber-Beute-Beziehung sind die Populationsschwankungen von **Luchs** und **Schneeschuhhase** in Kanada. Die Erkenntnisse über die Populationsschwankungen stützen sich auf die exakten Aufzeichnungen über die Ablieferung von Fellen dieser beiden Tierarten durch die Trapper der Hudson Bay Company seit 1800. Die Aufzeichnungen belegen, dass etwa alle zehn Jahre besonders viele Luchsfelle abgeliefert wurden und dass es immer etwa zwei Jahre vorher zu einem Maximum abgelieferter Hasenfelle kam. Die Schneeschuhhasen sind die wichtigste Nahrung der Luchse.

Zu diesem Befund wurden Langzeitexperimente im Gelände durchgeführt, um herauszufinden, ob auf die Populationsschwankungen der beiden Arten auch noch andere Faktoren einwirken. Durch Ausschlussexperimente (Einzäunen von Hasenpopulationen, Zufütterung der Hasen im Winter und Ausstattung von Hasen mit Funkhalsbändern) wurde herausgefunden, dass die Luchse tatsächlich den wichtigsten Faktor in der Regulation der Hasenpopulation darstellen. Der Zehnjahresrhythmus wird jedoch möglicherweise von der Sonnenfleckenaktivität beeinflusst. In Zeiten geringer Sonnenaktivität entsteht weniger Ozon und es gelangt mehr UV-Licht auf die Erdoberfläche. Als Reaktion produzieren die Pflanzen mehr UV-Blocker und weniger Herbivoren abschreckende Substanzen.

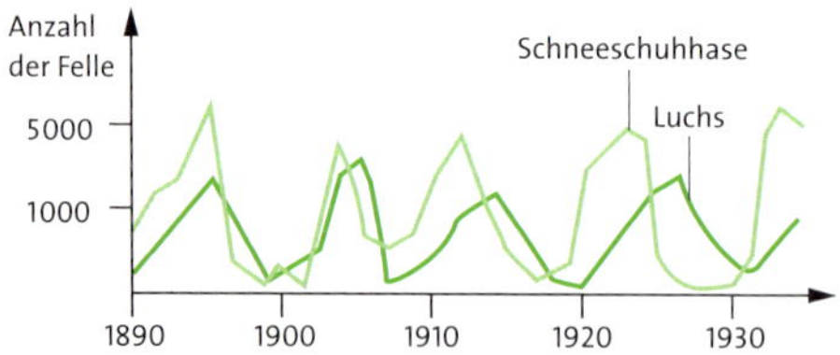

▶ *Populationsschwankungen bei Luchs und Schneeschuhhase*

Die Beziehungen zwischen Räuber- und Beutepopulationen sind von Bedeutung für die Schädlingsbekämpfung in der Landwirtschaft. In den meist üblichen Monokulturen steigt die Populationsdichte von Schädlingen, z.B. Raupen oder Blattläusen, stark an. Werden diese durch den Einsatz von Giften vernichtet, so trifft dies zeitverzögert auch ihre „nützlichen" Fressfeinde. Nach der Verminderung beider Arten erholen sich die Pflanzenschädlinge schneller, sodass eine erneute Massenvermehrung auftreten kann. Diesem Prozess kann man auch durch selektive, nur eine Schädlingsart bekämpfende Gifte nicht entgehen. Dagegen setzt die biologische Schädlingsbekämpfung auf ein Gleichgewicht zwischen Nützlingen und Schädlingen auf niedrigem Niveau, entsprechend den Lotka-Volterra-Regeln.

Basiswissen Die Lotka-Volterra-Regeln

Für die wechselseitigen Räuber-Beute-Beziehungen wurden in den Jahren 1925 und 1926 unabhängig voneinander von dem österreichisch-amerikanischen Chemiker und Versicherungsstatistiker Alfred James Lotka (1880–1949) und dem italienischen Mathematiker und Physiker Vito Volterra (1860–1940) mathematische Modelle formuliert, die **Lotka-Volterra-Regeln.** Sie lauten wie folgt:

1. Die Populationsdichten von Beute und Beutegreifer schwanken periodisch und zeitlich gegeneinander verschoben.
2. Die Dichte jeder Population schwankt um einen Mittelwert.
3. Eine Erhöhung der Beutedichte bewirkt eine Zunahme der Räuber. Nach einer gleich starken Verminderung beider Arten erholt sich die Population der Beute schneller als die des Beutegreifers.

Alle drei Regeln gelten nur unter der Voraussetzung, dass lediglich zwischen den betrachteten beiden Arten eine Räuber-Beute-Beziehung besteht und die sonstigen biotischen und abiotischen Umweltfaktoren konstant oder in ihrer Wirkung zu vernachlässigen sind.

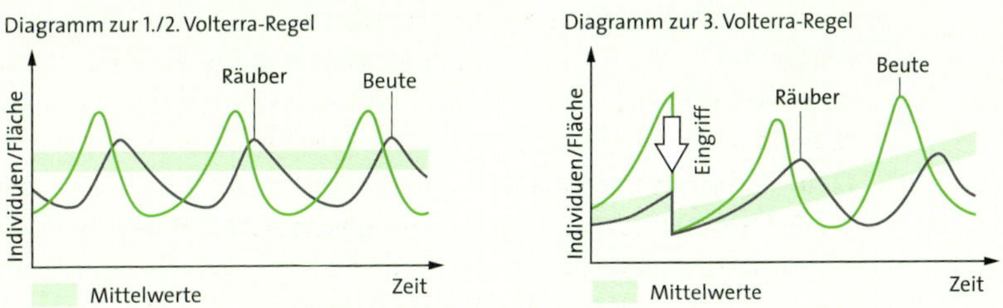

▶ *Grafische Darstellung der Lotka-Volterra-Regeln*

Die Wachstumsrate der menschlichen Bevölkerung nimmt ab

Der Moderne Mensch (*Homo sapiens*) ist seit ca. 25 000 Jahren, nach dem Aussterben des Neandertalers (*Homo neanderthalensis*, s. Seite 56 f.), die einzige Menschenart auf der Erde. Am Ende der letzten Kaltzeit vor ca. 10 000 Jahren lebten zwischen fünf und zehn Millionen Menschen auf der Erde. Die Größe der Erdbevölkerung zu Beginn unserer Zeitrechnung, vor 2000 Jahren wird auf 170 bis 400 Millionen geschätzt. Bis vor 500 Jahren soll sich diese Anzahl nicht entscheidend erhöht haben, Schätzungen gehen von etwa 500 Millionen Menschen im 16. Jahrhundert aus. Erst für das 18. Jahrhundert ist ein kontinuierliches exponentielles Wachstum von etwa 0,5 % nachgewiesen, was einer Wachstumsrate von über 0,1 pro Generation entspricht. Im Jahr 1804 wurde die Milliardengrenze erreicht und danach setzte ein rapides Bevölkerungswachstum ein. Innerhalb des 19. und 20. Jahrhunderts hat sich die Weltbevölkerung versechsfacht. 1999 wurden sechs Milliarden erreicht und bis 2112 wird mit sieben Milliarden gerechnet. Für 2050 werden von der UNO derzeit 9,2 Milliarden prognostiziert. Trotzdem ist insgesamt zu verzeichnen, dass die Wachstumsrate seit etwa 1990 zurückgeht. Derzeit nimmt die Weltbevölkerung jährlich um 79 Millionen zu, das entspricht einer Wachstumsrate von rund 1,5 %.

2.4 Aufbau und Entwicklung der Biosphäre

Die Biosphäre beschreibt den äußeren Mantel der Erde, in dem Lebewesen vorkommen. Sie umfasst den untersten Teil der Atmosphäre, die gesamte Hydrosphäre und die oberste Lithosphäre. Die Sonne führt der Biosphäre Strahlungsenergie zu, von der ein Teil für die Aufrechterhaltung der Lebensvorgänge genutzt wird. Die für den Aufbau der Lebewesen notwendigen stofflichen Bestandteile werden ständig umgesetzt und recycelt. Diese Energieflüsse und Stoffkreisläufe sind eng mit dem chemischen Reaktionsgefüge verknüpft, das man Leben nennt und das in der Bilanz zu einer Bindung chemischer Energie in Lebewesen und dem damit verbundenen Erhalt hoch geordneter Strukturen führt.

2.4.1 Energieflüsse und Stoffkreisläufe

Die Sonnenenergie, die als elektromagnetische Strahlung auf die Erde trifft, wird z. T. von den fotosynthetisch aktiven grünen Pflanzen aufgenommen und zur Synthese von organischen Kohlenstoffverbindungen verwendet. Die Pflanzen nutzen dazu Kohlenstoffdioxid aus der Luft sowie Wasser und Mineralstoffe aus dem Boden. Dabei wird Sauerstoff freigesetzt. Bei der aeroben Atmung werden in den Zellen der meisten Lebewesen organische Moleküle unter Sauerstoffaufnahme in Kohlenstoffdioxid und Wasser umgewandelt, wobei Energie für die verschiedenen Lebensprozesse freigesetzt wird. Totes organisches Material wird durch Mikroorganismen wieder in Kohlenstoffdioxid und Wasser sowie in anorganische Stickstoff-, Phosphor- und Schwefelverbindungen zerlegt. Nur ein kleiner Teil der Gesamtmasse wird diesem kurzfristigen Kreislauf entzogen. So wurden fossile Kohlenstoffvorkommen (Kohle, Erdöl, Erdgas) und carbonathaltige Sedimente (Kalkstein) aufgebaut, die nur sehr langsam wieder einem Kreislauf zugeführt werden.

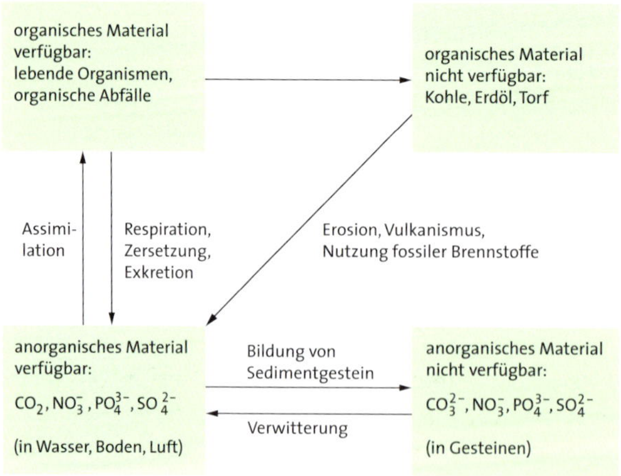

▶ *Prinzip des Stoffkreislaufs in der Biosphäre*

Nur ein kleiner Teil der Sonnenenergie wird von Pflanzen genutzt

Die insgesamt von der Sonne auf die Erdatmosphäre treffende Strahlung beträgt rund 174 PW (1 PW = 1 peta-Watt = 10^{15} Watt). Von dieser auf die Außenseite der Atmosphäre auftreffenden Sonnenstrahlung gelangt nur ein Teil auf die Erdoberfläche. In den mittleren Breiten der Nordhalbkugel sind es durchschnittlich 43 %, in den wolkenarmen Subtropen können es bis 70 % sein. Ein Großteil der Sonnenstrahlung, welche die Erdoberfläche erreicht, erwärmt vegetationslose Flächen oder Wasserflächen. Unter günstigsten Bedingungen können 5 % dieser Energiemenge von Primärproduzenten aufgenommen werden.

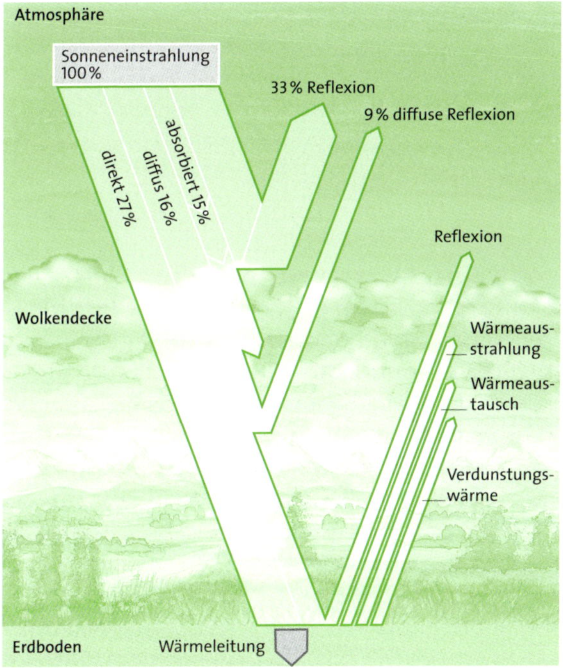

▶ *Energiehaushalt in der Biosphäre*

Auch von dem Anteil, der fotosynthetisch aktive Lebewesen trifft, entfällt nur ein kleiner Teil auf den Spektralbereich, der durch die Fotosynthese genutzt werden kann. Ein großer Teil der von Landpflanzen absorbierten Sonnenenergie dient der Transpiration und damit dem Wassertransport durch die Pflanzen.

Beim Wasserkreislauf bleibt das Molekül H_2O erhalten

Der Wasserkreislauf wird oft als einzig „echter“ Stoffkreislauf bezeichnet, da sich das Wasser (H_2O) bei diesem Kreislauf nicht chemisch, sondern nur in seinen Aggregatzuständen verändert. Der Kreislauf besteht aus Niederschlag, Abfluss und Verdunstung. Die Verdunstung wird durch die Sonnenenergie bewirkt. Dabei ist das

Wasserreservoir in den Ozeanen und im Grundwasser sehr groß (über $1{,}4 \cdot 10^9$ km³) im Vergleich zum Umsatz ($5 \cdot 10^5$ km³). Durch den Wasserkreislauf wird Wasser ständig umverteilt und aufbereitet. Dabei kommt dem Wassertransport aus den Meeren auf die Festländer (etwa 100 000 km³ pro Jahr) eine entscheidende Bedeutung für die terrestrischen Ökosysteme zu. Für die Verteilung der Niederschläge sind die globalen und lokalen Windsysteme, die Verteilung der Kontinente und die Lage der Gebirge entscheidend.

Basiswissen **Primärproduktion**

Die gesamte bei der Fotosynthese umgesetzte Stoffmenge wird als **Bruttoprimärproduktion (BPP)** bezeichnet. Wird von dieser die Stoffmenge abgezogen, die als Betriebsstoff für die eigene Zellatmung verwendet wird, bleibt die **Nettoprimärproduktion (NPP)** übrig. Diese Nettoprimärproduktion gibt an, wie viel von der durch die Lichtabsorption aufgebauten chemischen Energie in den fotosynthetisch aktiven Organismen gespeichert wird. Dabei handelt es sich im Durchschnitt um 1 % der absorbierten Energie.

Der Kohlenstoffkreislauf besteht aus mehreren Teilkreisläufen

Der Kohlenstoffkreislauf lässt sich in mehrere Teilkreisläufe mit ganz unterschiedlich großen Depots und Umlaufzeiten gliedern. Der schnellste Umsatz wird über das geringe Depot in der Atmosphäre durch das Wechselspiel von Fotosynthese und Atmung bewirkt. Der Kohlenstoffgehalt der Atmosphäre betrug 2001 rund 750 Gt (Gigatonnen), wegen des angestiegenen CO_2-Gehaltes sind es 2010 schon 800 Gt. Das Kohlenstoffreservoir der Ozeane ist mit rund 40 000 Gt wesentlich größer. Es besteht ein Ausgleich zwischen dem Kohlenstoffgehalt der Atmosphäre in Form von gasförmigem CO_2 und dem Kohlenstoffgehalt des Ozeans, wo Kohlenstoff in Form von gelöstem CO_2, Hydrogencarbonat, Carbonat und gelösten organischen Kohlenstoffverbindungen vorliegt. Das größte Kohlenstoffreservoir befindet sich in der Geosphäre, also in den Gesteinen. Es ist mehr als 100 000-mal so groß wie das Reservoir der Atmosphäre und der jährliche Kohlenstoffumsatz beträgt weniger als den millionsten Teil dieses Reservoirs. Trotzdem ist auch dieser Kohlenstoffvorrat der Geosphäre in langfristige geochemische Kreisläufe einbezogen. Für den relativ konstanten Kohlenstoffdioxidgehalt der Atmosphäre sind jedoch biogene Vorgänge entscheidend.

Wichtig für den Stickstoffkreislauf ist das atmosphärische Reservoir

Auch das große Stickstoffdepot der Atmosphäre ($3{,}9 \cdot 10^{15}$ t) wird durch biogene Vorgänge stabilisiert, und zwar durch bestimmte Archäen und Bakterien. Die einen können N_2 aus der Luft in körpereigene Stickstoffverbindungen einbauen **(Luftstickstoffassimilation).** Die anderen nutzen die Energie, die bei der Bildung von N_2 aus anderen Stickstoffverbindungen freigesetzt wird (**Denitrifikation** und **Anammox-Reaktion;** Anammox steht für **an**aerobe **Amm**onium-**Ox**idation, einen relativ neu entdeckten bakteriellen Stoffwechselweg). Eine gewisse Rolle spielen außerdem elektrische Entladungen (Blitze) bei Gewittern. Die Verfügbarkeit von geeigneten Stickstoffverbindungen ist in vielen Fällen ein begrenzender Faktor für das Pflanzenwachstum. Durch menschliche Aktivitäten hat sich der Stickstoffumsatz allerdings merklich verstärkt, zum einen durch die industrielle Produktion von Stickstoffverbindungen aus Luftstickstoff (z. B. Haber-Bosch-Verfahren), zum anderen durch die Stickstoffoxid- und Ammoniumproduktion aus Luftstickstoff in Verbrennungsmotoren. Auch beim Stickstoffkreislauf gibt es Langzeitkreisläufe über Sedimente, aber kaum Zufuhr aus tieferen Erdschichten, denn der Stickstoffgehalt der Gesteine ist sehr gering.

Basiswissen **Elemente des Lebens**

Hauptelemente der organischen Verbindungen:
Kohlenhydrate: Kohlenstoff (C), Wasserstoff (H) und Sauerstoff (O)
Proteine: zusätzlich Stickstoff (N) und Schwefel (S)
Nucleinsäuren: zusätzlich Stickstoff und Phosphor (P)
Weitere wichtige Elemente:
Eisen (Fe), Magnesium (Mg), Kalium (K), Natrium (Na) und Calcium (Ca), Chlor (Cl)
Spurenelemente:
Iod (I), Kupfer (Cu), Selen (Se), Cobalt (Co), Molybdän (Mo), Zink (Zn) u. a.

Eine schnelle Umsetzung von Schwefel läuft über die Atmosphäre

Für den atmosphärischen Schwefelkreislauf sind Verbindungen wie Schwefelwasserstoff (H_2S), Schwefeldioxid (SO_2) und Dimethylsulfid ($S(CH_3)_2$) wichtig. Ein großer Teil des Schwefelkreislaufs ist ein Langzeitkreislauf über marine Sedimentation und Gesteinsverwitterung bzw. Gesteinslösung. Dabei spielt der hohe Sauerstoffgehalt der Atmosphäre eine wichtige Rolle, z. B. bei der Verwitterung von Pyrit zu Eisenoxid und Sulfat.

Phosphat hat kein Depot in der Atmosphäre

Im Unterschied zu Kohlenstoff, Stickstoff und Schwefel spielt beim Phosphor die Atmosphäre keine Rolle. Für die Ökosysteme von größter Bedeutung ist der kurzfristige Phosphorkreislauf über Humus- und Bodenpartikel. Die durch Zersetzer freigesetzten Phosphate werden direkt von den Primärproduzenten wieder aufgenommen. Der Langzeitkreislauf ist mit den Kreisläufen von Kohlenstoff und Schwefel vergleichbar. Aber anders als bei C, N, und S liegt P während dieses Kreislaufs meist als Phosphat vor.

2.4.2 Ökosysteme

Die Energieflüsse und Stoffkreisläufe in der Biosphäre sind vielfach aufgespalten und untergliedert. Dabei sind bestimmte, räumlich abgegrenzte Organismengruppen auszumachen, die untereinander deutlich mehr Verbindungen und Wechselwirkungen zeigen als mit der Umgebung. Solche räumlich begrenzten **Lebensgemeinschaften (Biozönosen)** werden zusammen mit ihrer unbelebten Umwelt, dem **Biotop,** als **Ökosysteme (Biogeozönosen)** bezeichnet (von griech. oikós = Haus und sýstema = das Zusammengestellte, Verbundene). Für die Abgrenzung von Ökosystemen gegeneinander gibt es keine allgemeingültigen Regeln. Als Orientierung dienen meist charakteristische Übergangsbereiche wie Waldränder, Seeufer und Meeresküsten.

Primärproduzenten überwiegen in allen Ökosystemen

Das Grundschema eines Ökosystems umfasst **Produzenten, Konsumenten** und **Destruenten.** In den Stoffkreislauf ist die unbelebte Umgebung dieser Lebensgemeinschaft – Boden, Wasser und Atmosphäre – einbezogen.

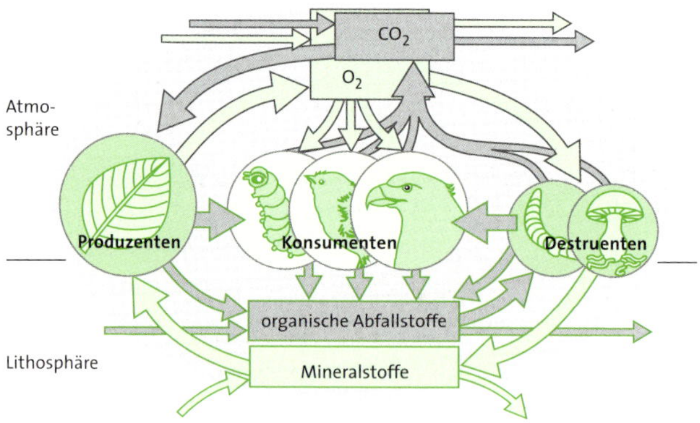

▶ *Schema eines Ökosystems*

Auf die Biomasse bezogen, überwiegen in allen Ökosystemen die **Primärproduzenten.** In terrestrischen Ökosystemen sind dies vor allem die Pflanzen, in marinen Ökosystemen Mikro- und Makroalgen sowie Cyanobakterien. Sie liefern die Nahrung für die **Konsumenten erster Ordnung.** Der Stoff- und Energiefluss geht dann mit der Nahrungskette weiter zu den Fleischfressern und Tierparasiten, den **Konsumenten zweiter und höherer Ordnung.** Organische Abfallstoffe, wie abgestorbene Pflanzenteile, Kot oder Tierleichen, werden von den **Destruenten (Zersetzer)** verwertet. Die Zersetzer können unterteilt werden in **Saprovoren** (Saprophagen, **Abfallfresser**), zu denen etwa Regenwürmer, viele Bodeninsekten und Milben zählen, und **mikrobielle Zersetzer (Reduzenten),** das sind vorwiegend Pilze und Bakterien. Sie wandeln organische Stoffe in anorganische Stoffe um. Ein Teil dieser anorganischen Abbauprodukte steht den Primärproduzenten wieder als Nährmineralien zur Verfügung. Die verschiedenen Nahrungsketten sind allerdings vielfach miteinander vernetzt und in diesem **Nahrungsnetz** kann dieselbe Art sowohl Konsument verschiedener Ordnungen als auch Destruent sein. In jedem Fall lassen sich in dem Nahrungsnetz – je nachdem, wie oft die konsumierte Biomasse schon auf- und abgebaut wurde – verschiedene **trophische Ebenen** unterscheiden. Dabei wird bei jedem Übergang von einer trophischen Ebene zur nächsten ein großer Teil der Energie als Wärme freigesetzt. Bei aquatischen Systemen spielen außerdem lösliche organische Verbindungen, die Prokaryoten direkt als Energiequelle dienen, eine besonders wichtige Rolle.

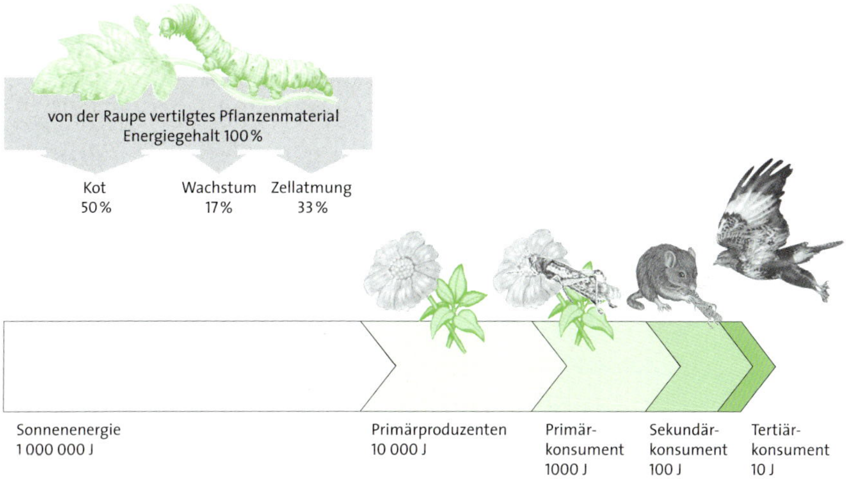

▶ *Energienutzung in der Nahrungskette. Oben: Energieverwertung einer herbivoren Raupe, unten: Energietransfer zwischen den einzelnen Trophiestufen*

Ökosysteme entwickeln und verändern sich

Eine gegebene Kombination von abiotischen Standortfaktoren führt zu einer Besiedelung dieses Standorts durch eine ganz bestimmte Gemeinschaft von Lebewesen. Aber wie alle komplexen Lebensprozesse ist auch dieser Prozess nicht genau vorhersagbar. Die Entwicklung einer Lebensgemeinschaft an einem definierten Standort ist ein sehr komplexer Vorgang, insbesondere deshalb, weil die besiedelnden Organismen unmittelbar auf die Standortfaktoren, wie die Bodenbildung, den Wasserhaushalt, die Strahlungsintensität, das Mikroklima usw., zurückwirken. Dabei können Zufallsereignisse – wie Erdrutsche, Überschwemmungen oder Klimaanomalien, aber auch die Ansiedlung einer bestimmten Art – für die weitere Entwicklung entscheidende Weichen stellen.

▶ *Besiedlung von Brachland als Beispiel für eine Sukzession zur Klimaxgesellschaft*

Die Entwicklung einer solchen **Sukzession** von Ökosystemen kann z. B. an einem zurückweichenden Gletscher oder auf einer neu entstandenen Vulkaninsel verfolgt werden. Zunächst kommt es zu einer ziemlich rasch ablaufenden Veränderung, die mit dem Einwandern, Auswandern und Aussterben von Arten verbunden ist. Allmählich bildet sich jedoch ein relativ stabiler Endzustand heraus, der auch als **Klimaxzustand** bezeichnet wird.

Dieser Vorstellung von einem stabilen Endzustand widerspricht die **Mosaik-Zyklus-Theorie,** die sich vor allem auf Beobachtungen an Urwaldökosystemen stützt. Es gibt danach keinen Endzustand eines Urwald-Ökosystems, vielmehr entwickeln sich nebeneinander verschiedene **Patches** (engl. Fleck, kleines Stück), die z. B. durch umgestürzte Bäume, größere Windbrüche oder Brände initiiert wurden. So bilden viele verschiedene Entwicklungsstadien ein Mosaik. In den einzelnen Patches werden zyklische Entwicklungen durchlaufen, die Jahrzehnte oder sogar Jahrhunderte dauern können. Dabei handelt es sich aber nicht um vollständige Kreisprozesse, die Entwicklung folgt eher dem Bild einer Spirale oder Schraube (Evolution der Ökosysteme, s. Seite 64). Meist nimmt die Komplexität der Ökosysteme innerhalb langer Zeiträume zu, die ältesten Ökosysteme, die sich lange an einem stabilen Standort entwickeln konnten, sind deshalb in der Regel besonders komplex und artenreich. Beispiele sind tropische Regenwälder und Korallenriffe.

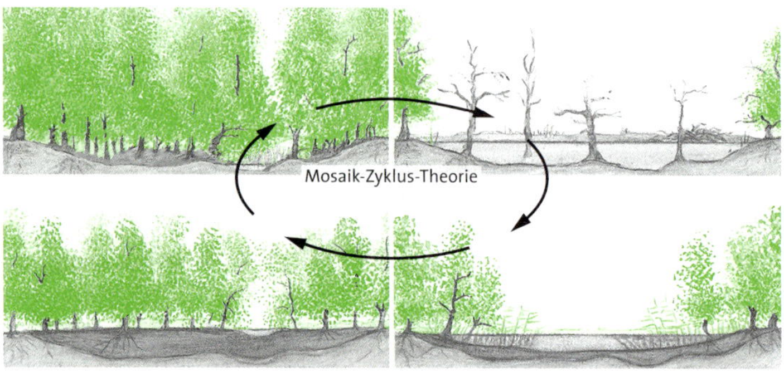

▶ *Mosaik-Zyklus-Theorie*

Komplexität und Stabilität von Ökosystemen können zusammenhängen

Ökosysteme mit einem oder mehreren extremen Umweltfaktoren sind in der Regel artenarm, gleichzeitig treten die wenigen Arten in hoher Individuendichte auf. Ein Beispiel ist das Wattenmeer mit seinen extremen, stark schwankenden Umweltbedingungen, in dem einzelne Arten – wie Wattwurm oder Schlickkrebs – in riesigen Populationen vorkommen, die Gesamtartenzahl aber relativ gering ist. Umgekehrt sind Ökosysteme mit relativ ausgeglichenen Umweltbedingungen im mittleren Bereich meist sehr artenreich, gleichzeitig sind die Individuenzahlen der einzelnen Arten geringer (**biozönotische Grundprinzipien** nach AUGUST FRIEDRICH THIENEMANN, 1920).

Artenreiche Ökosysteme mit vielen komplexen Wechselwirkungen sind gegen zufällige Schwankungen unempfindlicher, da der Ausfall eines Weges im Energie- und Stofffluss leicht durch andere Wege ausgeglichen werden kann. So erklärt sich, dass bestimmte, besonders artenreiche Ökosysteme – wie Regenwälder oder Korallenriffe – teilweise ohne starke Veränderungen über Jahrmillionen bestehen können. Deutliche Umweltveränderungen, die von außen auf solche Systeme einwirken, wie Entwässerung oder Schadstoffeintrag, können solche komplexen Systeme aber schnell „degradieren“. Da sie durch einen sehr lang andauernden Prozess der Nischenbildung entstanden sind, ist eine Regeneration in überschaubaren Zeiträumen dann in vielen Fällen nicht mehr möglich. Weniger komplexe Systeme sind dagegen schneller regenerierbar und oft reagieren sie auch flexibler auf Einwirkungen von außen.

Für die Stabilität von Ökosystemen sind zudem nicht alle Arten von gleicher Bedeutung. Der Ausfall besonderer „Schlüsselarten“ kann Ökosysteme vollständig verändern.

Schlüsselarten spielen in Ökosystemen eine entscheidende Rolle

Arten, die für das Wirkungsgefüge eines Ökosystems herausragende Bedeutung haben, werden als **ökologische Schlüsselarten (Keystone Species)** bezeichnet. Verschwindet eine Schlüsselart aus einem Ökosystem, bricht das gesamte Netzwerk zusammen und es entwickelt sich ein stark abweichendes Ökosystem. Dabei können Schlüsselarten in unterschiedlicher Weise wirksam werden:

- als Nahrungsgrundlage für andere Arten
- als Regulatoren der Bestandsdichten von anderen Arten
- dadurch, dass sie indirekt die Nahrung für andere Arten liefern

So spielen z. B. Miesmuscheln und Miesmuschelbänke sowie Seegraswiesen eine Schlüsselrolle für den Stoffhaushalt des Wattenmeeres der Nordsee. Miesmuscheln filtrieren das gesamte Wasservolumen des Wattenmeeres in wenigen Sommertagen. Seegraswiesen binden Nährstoffe und fördern die Sedimentation. Dadurch sind sie eine wichtige Futterquelle für Gänse und Enten.

Beispiel: Der Ockerseestern *(Pisaster ochraceus)* ist ein Bewohner der Brandungszone der nordamerikanischen Pazifikküste. Zu seinem Nahrungsspektrum gehören u. a. Käferschnecken, Napfschnecken, Miesmuscheln, Seepocken und Entenmuscheln, die ebenfalls alle in der Brandungszone leben, sowie eine kleine räuberische Wellhornschnecke, die sich u. a. von Miesmuscheln und Seepocken ernährt. Im Jahr 1966 führte der amerikanische Ökologe Robert T. Paine in einem Areal dieser Brandungszone folgenden Versuch durch: Er entfernte in einem begrenzten Bereich alle Individuen des Ockerseesterns und beobachtete die Entwicklung der Artenzahl über einen Zeitraum von mehreren Jahren. Dabei konnte er ein Jahr nach Entfernen des Seesterns feststellen, dass v. a. Miesmuscheln und Entenmuscheln dominierten, einige andere Arten hingegen ganz verschwunden waren. Insgesamt waren am Ende des Versuchs von 15 Arten nur noch acht auffindbar. Die Erklärung: Der Anheftungsplatz für die Besiedler der Brandungszone ist begrenzt. Nur wenn der Seestern immer wieder für Lücken sorgt, bleibt die Vielfalt erhalten. Sonst wird die ganze Fläche von wenigen, eventuell sogar nur einer konkurrenzstarken Art eingenommen.

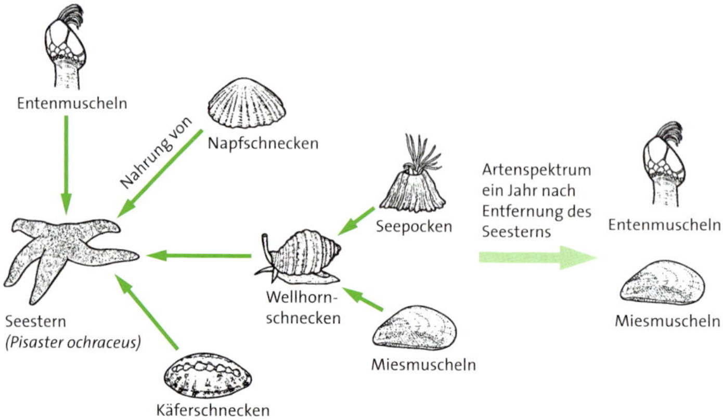

▶ *Schlüsselart Ockerseestern. Links: das Artenspektrum der Brandungsküste mit dem Ockerseestern (die Pfeile zeigen an, wer von wem gefressen wird). Rechts: die Entwicklung des Artenspektrums nach Entfernung des Ockerseesterns*

2.4.3 Biome

Ökosysteme können sehr kleinräumige Komplexe sein, z. B. ein kleines Moor, ein Weidetümpel oder ein Moospolster auf einem Felsen. Aber auch ein großer See oder ein relativ abgeschlossener Meeresteil – wie die Ostsee oder das Schwarze Meer – und ein ausgedehntes Waldsystem wie das Amazonasbecken, können funktionell als Ökosysteme betrachtet werden. Global betrachtet, treten dabei immer wieder ähnliche **Ökosystemtypen** auf. Diese Ökosystemtypen sind – v. a. auf den Festländern – stark vom jeweils herrschenden Klima abhängig. Indirekt ergibt sich damit auch eine Abhängigkeit von der geografischen Breite, vom Verlauf und der Anordnung von Gebirgen sowie von der Fließrichtung von Gewässern und von Windsystemen und Meeresströmungen. Solche Ökosystemtypen werden als **Biome** bezeichnet. Ähnlich dem Phänomen, dass es meist keine scharfen Klimagrenzen gibt, haben auch die Übergänge zwischen einzelnen Biomen oft den Charakter einer breiten Übergangszone.

Marine Biome nehmen Dreiviertel der Erdoberfläche ein

Marine Ökosysteme können in Gezeitenzonen **(Eulitoral),** Flachmeerregionen über den Kontinentalschelfen **(neritische Zone)** und Hochseebereiche **(ozeanische Zone)** gegliedert werden. Die Lebensbereiche des freien Wassers **(Pelagial)** sind durch andere Lebensgemeinschaften charakterisiert als die Böden **(Benthal).** Von der geografischen Breite und Meeresströmungen bedingte Wassertemperaturen sorgen für eine weitere Differenzierung. Besondere Ökosysteme sind die aus skelettbildenden Polypenkolonien und anderen Kalkabscheidern aufgebauten **Korallenriffe.** Auch an untermeerischen Vulkanquellen (**Black Smokers** u. a.) finden sich spezielle Ökosystemtypen.

Limnische Ökosysteme, d. h. die Süßwasserökosysteme, werden in Seen und Fließgewässer unterteilt. Die räumliche Ausdehnung der Süßgewässer ist vergleichsweise gering, für alle terrestrischen Ökosysteme und für den Wasserkreislauf sind sie jedoch von großer Bedeutung.

Landökosysteme werden vor allem nach Vegetationszonen eingeteilt

Die Biome, die entsprechend der Klimazonen und abhängig von der geografischen Breite unterschieden werden, werden **Zonobiome** genannt. Die Ökosysteme, die von den Höhenstufen der Gebirge geprägt sind, heißen **Orobiome.** Darüber hinaus gibt es bestimmte, weniger von Klimazonen abhängige **azonale Biome,** z. B. solche, die ganz stark von einem bestimmten Bodentyp abhängen **(Pedobiome).**

Eine etwas andere Einteilung der Großökosysteme schlägt ROBERT WHITTAKER (1920–1980) vor, der 1975 den Begriff Biom einführte. Nach seinem System werden die Biome nur durch die beiden Parameter „mittlere Jahresniederschläge" und „Jahresmitteltemperatur" definiert.

2.4.4 Beispiel 1 für mitteleuropäische Ökosysteme: See

Stehende Gewässer sind in sich abgeschlossen und klar umgrenzt, weshalb sie zu den ersten gut untersuchten Ökosystemen gehörten. Nach dem Nährmineralgehalt und der Stoffproduktion werden unterschieden:

- **oligotrophe (nährmineralarme) Seen:** geringe Produktionskraft, das gesamte organische Material wird remineralisiert. Im tiefen Wasser kommt es zu keiner Anreicherung von Mineralsalzen. Die Nährsalzzufuhr bleibt in den produktiven Wasserschichten (d. h. in den Wasserschichten mit Biomasseproduktion) der für die Primärproduzenten begrenzende Faktor. Beispiele sind Hochgebirgsseen, Heideseen, ursprünglich auch Voralpenseen. Ein Sonderfall sind die artenarmen **dystrophen Moorseen** mit hohem Schwebstoff- und Huminsäureanteil, niedrigem pH-Wert, geringem Gehalt an Nährmineralien und Carbonaten.
- **meso- bis eutrophe (nähmineralreiche) Seen:** Die produktive Oberschicht kann über die Hälfte des Seevolumens ausmachen. Die Abbaukapazität reicht nicht aus. In den tieferen Schichten kommt es vor allem im Sommer zu starker Sauerstoffzehrung und schließlich zur Faulschlammbildung und zur Entwicklung von Schwefelwasserstoff und Methan. Durch Wasserzirkulation im Herbst und im Frühjahr kommt es zu einer kräftigen Düngung der Oberschicht. Anhaltend hohe Stoffproduktion führt schließlich zur Verlandung.

Eutrophierung wird durch menschliche Einflüsse beschleunigt

In Mitteleuropa sind nährmineralarme Gewässer ausgesprochen selten geworden. Ursachen sind insbesondere die Einleitung von Abwässern und die Einschwemmung überschüssiger Düngemittel aus der Landwirtschaft. Die allmähliche Eutrophierung aller oligotrophen Seen – ein an sich natürlicher Vorgang – wurde seit Mitte des 20. Jahrhunderts in Mitteleuropa stark beschleunigt. Durch immer bessere Methoden der Abwasserklärung konnte dieser Prozess jedoch gebremst und teilweise sogar rückgängig gemacht werden.

Basiswissen **Zonierung am Seeufer**

Normalerweise ist der Uferbereich eines Sees von einer mehr oder weniger dichten Vegetation bedeckt, die in typischen **Vegetationszonen** bzw. Gürteln ausgebildet ist. Diese räumliche Zonierung entspricht einer zeitlichen Abfolge bei der Verlandung eines Gewässers:

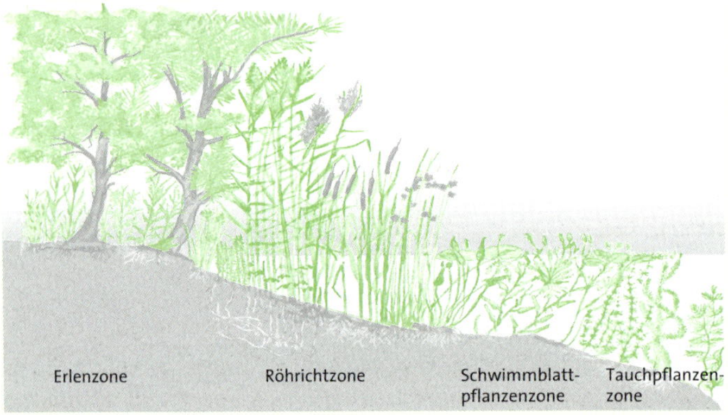

▶ *Zonierung am Seeufer*

- **Tauchpflanzenzone** mit stets untergetaucht lebenden Pflanzen wie Tausendblatt und Hornkraut und den pflanzenähnlichen Armleuchteralgen;
- **Schwimmblattpflanzenzone** mit Pflanzen, deren Blätter der Wasseroberfläche aufliegen (z. B. Seerose, Laichkraut-Arten);
- **Röhrichtzone** mit Pflanzen, die in den Luftraum ragen, mit ihren Wurzeln aber tief in den Seeboden eindringen, oft dominiert vom Schilf. Für die Selbstreinigung von Gewässern ist die Röhrichtzone von besonderer Bedeutung.
- **Erlenzone,** wasserseitig oft mit Weidenbüschen, nach Rodung ersetzt durch Seggenrieder und Feuchtwiesen;

Die Pflanzenarten der einzelnen Zonen haben hinsichtlich des Wasserstandes i. d. R. eine breitere physiologische Potenz, die jedoch durch Konkurrenz begrenzt wird. So können sich z. B. Schwimmblattpflanzen in Lücken des Schilfgürtels ausbreiten.

Dichteanomalie des Wassers bewirkt Schichtung und Zirkulation

Wasser hat bei +4°C seine größte Dichte (Dichteanomalie des Wassers). Kälteres Wasser wird wieder leichter. Deshalb gefrieren Seen von oben und nicht von unten her. Im Sommer erwärmt sich der See durch direkte Strahlungsabsorption. Seen mit vielen Schwebeteilchen erwärmen sich besonders schnell. Mit der Tiefe nimmt die durchgelassene Strahlungsmenge exponentiell ab. Dies führt zu einer Temperaturschichtung, die wegen der geringen Wärmeleitfähigkeit des Wassers relativ konstant bleibt. Dabei ist eine oberflächennahe, fast gleich warme Schicht **(Epilimnion)** von dem kühleren Tiefenwasser **(Hypolimnion)** durch die sogenannte **Sprungzone (Metalimnion)** getrennt. Erst die herbstliche Abkühlung bringt eine tiefer greifende Wasserzirkulation und damit einen Konzentrationsausgleich der Stoffe im See.

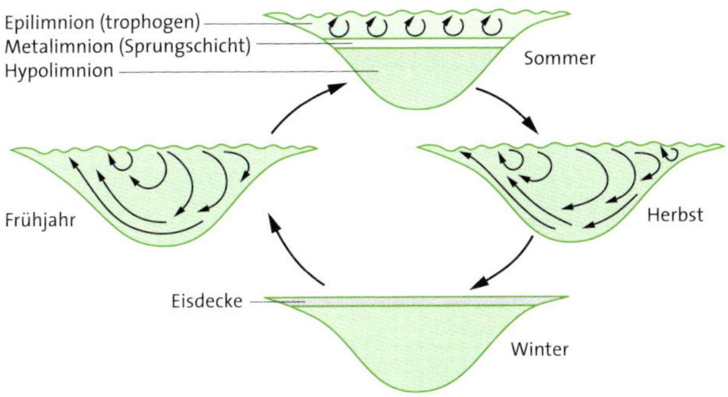

▶ *Zirkulation in einem See im Jahresverlauf*

2.4.5 Beispiel 2 für mitteleuropäische Ökosysteme: Wald

Mitteleuropa liegt im **gemäßigten Zonobiom.** Typische Vegetation ist ein sommergrüner Laubwald mit Buchen, Eichen, Hainbuchen, Linden, Ahorn-Arten, Eschen und Ulmen, in den höheren Gebirgslagen auch ein immergrüner Nadelwald mit Fichten. Auf trocken-sandigen Böden gedeihen Kiefern, feuchte Niederungen werden von Erlen und Weiden dominiert. Waldfreie Gebiete sind auf die Küsten, einige Moore und Dünenlandschaften beschränkt. Durch die Aktivitäten des Menschen hat sich diese Landschaft in den letzten 10000 Jahren in eine reine Kulturlandschaft verwandelt und selbst die Wälder, die immer noch gut 30 % der Landesfläche bedecken, wurden in mehr oder weniger starkem Ausmaß vom Menschen verändert. Urwälder existieren nur noch in wenigen Kerngebieten von Nationalparks. Trotzdem gelten auch für die Ökosysteme forstlich genutzter Wälder ähnliche Zusammenhänge wie für Urwälder.

Die Schichtung des Waldes erlaubt optimale Lichtausnutzung

Die wichtigsten Primärproduzenten des Waldes sind die Bäume. Sie bilden die oberste Schicht, die in Mitteleuropa bis etwa 40 m Höhe erreichen kann. Je nach Waldtyp folgen dann nach unten weitere Vegetationsschichten (Strauchschicht, Krautschicht, Moosschicht). Durch diesen Schichtenbau wird eine sehr gute Ausnutzung des einfallenden Sonnenlichtes gewährleistet. Für Urwälder dieses Typs ist das Nebeneinander von Bäumen verschiedener Altersklassen charakteristisch. Durch Windbruch oder Blitzschlag entstehen immer wieder kleinere oder größere Lücken, in denen vor allem die **Naturverjüngung** stattfindet. Solche **Lichtungen** sind die charakteristischen Lebensräume für Hochstauden und Sträucher. **Frühblüher** wie Scharbockskraut, Buschwindröschen, Lerchensporn oder Bingelkraut nutzen die lichtreiche Frühjahrsperiode am Waldboden. Die Produktion organischer Stoffe durch Pflanzen wird von Tieren, den Konsumenten, genutzt. Dabei übertrifft die Artenzahl der Konsumenten die Artenzahl der Primärproduzenten um Größenordnungen. An Stiel- und Traubeneiche leben neben anderen Tieren allein rund 1000 verschiedene Insektenarten, wie z. B. Laubfresser (Raupen, Käfer), Holzfresser (Käfer und ihre Larven), Saftsauger (Blattläuse, Blattwanzen), Früchte- und Samenfresser (Käferlarven, Schmetterlingsraupen).

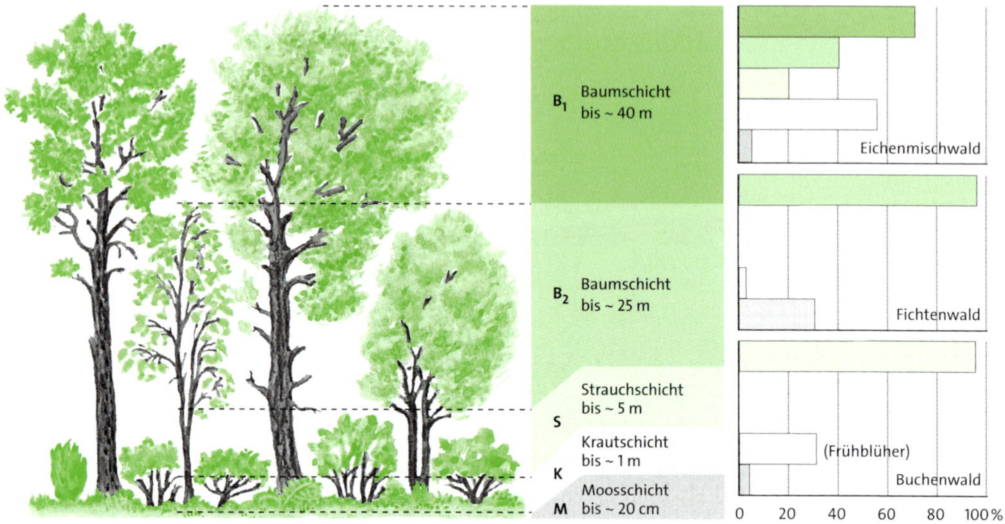

▶ *Schichtenbau verschiedener Waldtypen*

Die Energieflüsse im Ökosystem Wald wechseln von Jahr zu Jahr

Da die meisten Konsumenten zweiter Ordnung zahlreiche verschiedene Tierarten fressen, können sich recht unterschiedliche Nahrungsketten ausbilden. In sommergrünen Wäldern fällt mit der Laubstreu jährlich viel totes organisches Material an, das für Energiefluss und Stoffkreislauf eine wichtige Rolle spielt. Wenn in einem Jahr ein großer Raupenbefall zu verzeichnen war, so führt dies zu einer geringeren Falllaubmasse, und die Hauptnahrungskette läuft mehr über Herbivoren als über Saprovoren.

2.5 Mensch und Biosphäre

Die derzeit knapp sieben Milliarden Menschen beeinflussen wie keine andere Art das Gefüge der Biosphäre. Durch immer neue Erfindungen ist es der Art *Homo sapiens* zwar gelungen, ihre Umweltkapazität immer wieder zu erhöhen, doch eine endgültige Kapazitätsgrenze scheint sich abzuzeichnen. Die Erdbevölkerung wächst derzeit pro Jahr um knapp 80 Millionen. Seit einigen Jahrzehnten nimmt die Zuwachsrate ab. Man vermutet, dass gegen Ende des Jahrhunderts mit elf Milliarden ein Maximum erreicht ist. Es wird jedoch kontrovers diskutiert, ob nicht schon vorher durch katastrophale Entwicklungen ein Ende des Bevölkerungswachstums erzwungen wird.

Durch planvolles Handeln hat der Mensch die Möglichkeit, zukünftige Entwicklungen willentlich zu beeinflussen. Diese Bemühungen werden unter den Begriffen **Naturschutz, Umweltschutz** und **nachhaltige Wirtschaftsweise (Sustainability)** zusammengefasst.

2.5.1 Vom Menschen verursachte Umweltprobleme

Die wichtigsten durch den Menschen verursachten Umweltprobleme sind:

- Mangel an nicht erneuerbaren Rohstoffen und Energiequellen durch Ausbeutung sowie Engpässe bei der Versorgung mit Nahrungsmitteln
- Umweltschäden durch Flächennutzung (Land- und Forstwirtschaft, Siedlung, Verkehr)
- Umweltschäden durch Produktion und Abgabe von giftigen oder die Umwelt verändernden Stoffen
- Minderung der biologischen Vielfalt (Biodiversität)

Rohstoffe und Energiequellen sind begrenzt

Nicht erneuerbare Rohstoffe in Form von Bodenschätzen wie Erz, Kohle, Erdöl oder Erdgas werden in nicht allzu ferner Zukunft erschöpft sein. Doch nicht nur die Verknappung ist ein Problem. Die Verbrennung fossiler Energieträger erhöht den CO_2-Gehalt der Atmosphäre und bewirkt dadurch einen Klimawandel, der eventuell zu Katastrophen führen kann. Diese Entwicklung kann gebremst werden durch

- sparsamen Umgang mit Rohstoffen und Energiequellen,
- Wiederverwendung von Rohstoffen durch Aufbereitung von Abfällen,
- Verwendung erneuerbarer Rohstoffe (Biomasse) und Energiequellen (direkte und indirekte Nutzung der Sonnenenergie).

Dabei hat sich die Verwendung von Biomasse als Energieträger als problematisch herausgestellt, da sie zum einen die Vernichtung tropischer Regenwälder beschleunigt, und zum anderen der Anbau von Biomasseproduzenten für die Kraftstoffproduktion mit dem Nahrungsmittelanbau konkurriert.

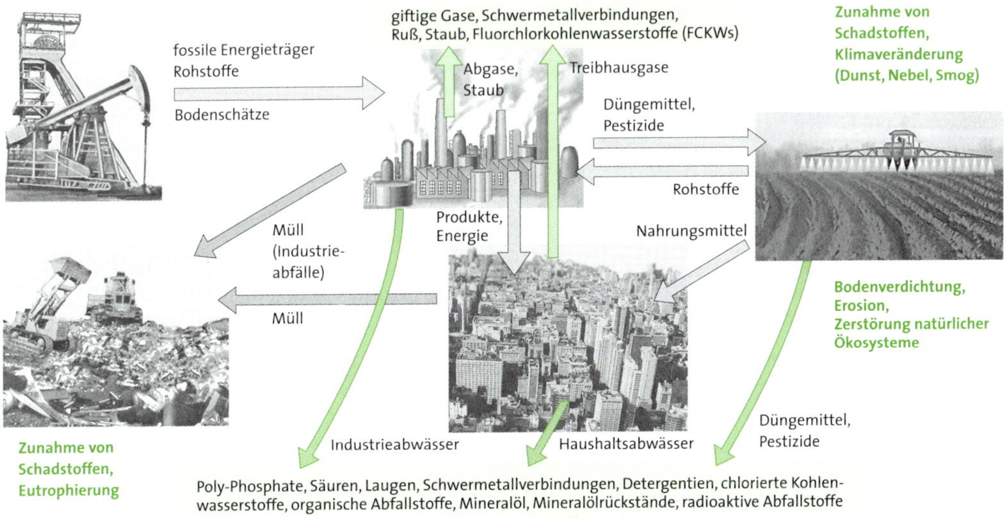

▶ *Umweltbelastung durch den Menschen*

Intensive Land- und Meeresbewirtschaftung hat gefährliche Nebeneffekte

Überdüngung kann die biologische Vielfalt verringern. Besonders geschädigt werden Ökosysteme in Flüssen, Seen und Meeren. **Pestizide** (Schädlingsbekämpfungsmittel) können sich in Nahrungsketten anreichern und zu erheblichen Zerstörungen und zu Gefährdungen der Menschen führen. Werden Ackerbau, Forstwirtschaft und Viehzucht unsachgemäß und zu intensiv betrieben, kann dies zur **Vernichtung von Böden** führen. So führt die Rodung und Bearbeitung von zu steilen Hängen zur **Wassererosion.** Dadurch, dass nach der Ernte vegetationsfreie Bodenflächen entstehen, kann vor allem in Gebieten mit Trockenzeiten auch **Winderosion** die Böden abtragen, dies umso mehr, je größer die zusammenhängenden Ackerflächen sind. Ein weiteres Problem ist die Bodenverdichtung durch große Agrarmaschinen und die Bodenversiegelung in den Ballungsräumen. Dadurch geht die wichtige Funktion des Bodens als Recyclingsystem, Wasser- und Rohstoffspeicher verloren. Durch Einsatz moderner Techniken wurde die **Meeresnutzung** enorm intensiviert. Insbesondere der Einsatz von kilometerlangen, engmaschigen **Treibnetzen** führt dazu, dass alles gefangen wird, was zufällig vorbeischwimmt, auch solche Tiere, die gar nicht verwertet werden (Wale, Delfine, Haie, Schildkröten, Seevögel). Durch gezielte Aquakulturen könnte die Nachhaltigkeit der Meereserträge gesteigert werden. Doch treten auch hier schon Probleme durch Überdüngung und Pestizideinsatz sowie durch Faunenverfälschungen auf.

Der Eingriff in naturnahe Ökosysteme verringert die Biodiversität

Die Umwandlung naturnaher Ökosysteme in Agrarlandschaften und die Abholzung von Urwäldern zur Holzgewinnung haben schon zu einer Vernichtung vieler artenreicher Ökosysteme, insbesondere tropischer Regenwälder, geführt. Aber auch Feuchtwälder der gemäßigten Klimazonen und Mangroven (Küstenwälder der Tropen und Subtropen, Laichgründe für viele Fischarten, Brutgebiet für Vogelarten) sind bedroht. Landbewirtschaftung führt an vielen Stellen über Bodenerosion dazu, dass mehr Schwebstoffe in küstennahe Meeresbereiche eingeschwemmt werden. Dadurch können Korallenriffe absterben. Die immer stärkere Zerschneidung der Landschaften durch Verkehrswege, insbesondere durch Straßen, ist eine weitere Ursache für den Artenrückgang.

Endprodukte menschlicher Aktivitäten belasten Luft, Wasser und Boden

Die **Luft** wird belastet durch

- Treibhausgase (CO_2, Methan, FCKW, Lachgas N_2O), die zur Erwärmung der Erdatmosphäre führen.
- Lachgas (N_2O) und FCKW (Fluorchlorkohlenwasserstoffe), die zur Zerstörung der Ozonschicht in der unteren Stratosphäre (20 bis 30 km Höhe) beitragen.
- feste, flüssige oder gasförmige Schadstoffe aus industrieller Produktion und aus Verbrennungsmotoren und Haushaltsheizungen, die zu Gesundheitsgefährdungen, z. B. durch Smog, führen.
- Ozonbildung in bodennahen Luftschichten und Überdüngung durch Emissionen von Verbrennungsmotoren, insbesondere NO und NO_2.
- radioaktive Emissionen von Kernkraftwerken.

Wasser – vor allem Süßwasser – wird mit Schmutz und Schadstoffen häufig so stark angereichert, dass die natürliche Reinigungskapazität der Gewässer nicht ausreicht, um wieder Trinkwasserqualität zu erreichen. Derzeit reicht die Kapazität der Kläranlagen bei Weitem noch nicht aus, um dies auszugleichen. Mit Fäkalien verunreinigtes Wasser ist weltweit eine der Hauptursachen für Krankheiten und Kindersterblichkeit. Ein großes Problem sind mittlerweile die festen, vorwiegend aus schwer abbaubaren Kunststoffen bestehenden Abfälle in den Meeren, die sich zum einen am Meeresgrund ablagern, zum anderen aber auch viele km^2 große Schwimmteppiche bilden.

Abfall: Vermeidung vor Verwertung vor Beseitigung
Für die Lebewesen und für die gesamte Biosphäre sind Stoffkreisläufe charakteristisch, d. h. Prozesse, bei denen ein Großteil der Ausgangsstoffe wieder zurückgewonnen wird. In der menschlichen Wirtschaft haben solche Prozesse noch nicht den Stellenwert, den sie haben müssten, um eine nachhaltige Produktion zu gewährleisten. Wirtschaftliches Wachstum hat nur dann eine Zukunft, wenn es ohne die Freisetzung von Abfall und Schadstoffen und ohne den Verbrauch von nicht erneuerbaren Ressourcen möglich ist.

2.5.2 Natur- und Umweltschutz

Energieflüsse und Stoffkreisläufe in der Biosphäre, die von der jetzigen Situation nicht deutlich abweichen, sind Voraussetzung dafür, dass sich die Lebensbedingungen für die menschliche Gesellschaft nicht grundlegend verschlechtern. Diese Erkenntnis ist der Hauptgrund für das Ziel einer nachhaltigen Entwicklung der Menschheit mit der Biosphäre. Wichtige Voraussetzung dafür ist der Erhalt der **biologischen Vielfalt,** die sich zusammensetzt aus

- der Vielfalt der Ökosysteme,
- der Artenvielfalt und
- der Vielfalt der genetischen Informationen, die in den Arten enthalten sind.

Der derzeitige Rückgang der Biodiversität durch menschliche Aktivitäten hat bedrohliche Formen angenommen. Die Veränderung oder teilweise Zerstörung eines Lebensraums ist häufig der Hauptgrund für den Rückgang der Tier- und Pflanzenarten. Um der dramatischen Verarmung der biologischen Vielfalt und der Belastung der Umwelt Einhalt zu gebieten, wurden neben nationalen Natur- und Umweltschutzgesetzen internationale Konventionen und Übereinkommen getroffen. Es erweist sich allerdings als sehr schwierig, Vergehen gegen diese Bestimmungen **(Umweltkriminalität)** wirksam zu bekämpfen.

Basiswissen **Convention on Biological Diversity (CBD)**

Die CBD wurde 1992 auf dem „Erdgipfel" in Rio von 150 Staaten unterzeichnet. Seither finden alle zwei Jahre Gipfeltreffen statt. Hauptziel ist, auf der ganzen Erde einen nachhaltigen Umgang mit Ökosystemen zu erreichen, der auch den menschlichen Gesellschaften langfristig einen Erhalt ihrer Ressourcen garantiert.

In Deutschland wird der Naturschutz durch das **Bundesnaturschutzgesetz,** ergänzt durch die **Landesnaturschutzgesetze,** geregelt. Ziel ist, die einheimischen Tier- und Pflanzenarten und ihre Lebensräume zu stärken, indem bundesweit ein geschützter Biotopverbund von mindestens 10 % der Landesfläche hergestellt wird. Das **Bundesamt für Naturschutz** übernimmt auf Bundesebene die fachliche und wissenschaftliche Beratung des Bundesumweltministeriums. Eine wesentliche Grundlage für den **Artenschutz** in Deutschland ist die **„Rote Liste der gefährdeten Tiere und Pflanzen Deutschlands“,** in der ausgestorbene, vom Aussterben bedrohte, stark gefährdete sowie potenziell gefährdete Arten aufgeführt sind. Das Vorkommen von Rote-Liste-Arten ist ein starkes Argument für die Ausweisung von Schutzgebieten. Bei diesen werden verschiedene Kategorien unterschieden:

- **Naturschutzgebiete:** besonders streng geschützte Lebensgemeinschaften oder Lebensräume
- **Nationalparke:** großräumige Schutzgebiete. Sie umfassen mindestens 10 000 ha weitgehend naturnaher Landschaft.
- **Naturdenkmale:** kleinräumige Schutzgebiete oder geschützte Einzelobjekte (z. B. Einzelbäume)
- **Biosphärenreservat:** Schutzgebiet mit Modellcharakter, das sich besonders gut zur Erforschung und Demonstration von Ansätzen des Naturschutzes sowie zur nachhaltigen Entwicklung auf regionaler Ebene eignet
- **Natura 2000:** Schutzgebietssystem in der EU, das die Schutzgebiete nach der Fauna-Flora-Habitat-Richtlinie (FFH-Richtlinie) von 1992 und die Schutzgebiete gemäß der Vogelschutzrichtlinie von 1979 umfasst. Die Idee der Vernetzung von Schutzgebieten steht im Vordergrund.
- **Landschaftsschutzgebiete:** Schutzgebietstypen mit geringerem Schutzstatus
- **Naturparks:** großräumige Schutzgebiete mit vielfältiger, biotop- und artenreicher Landschaft, die besondere Erholungsfunktion haben; Naturparks sollen den „nachhaltigen Tourismus“ fördern. Sie haben einen geringeren Schutzstatus.

1809

JEAN BAPTISTE LAMARCK (1744–1829) veröffentlicht in seiner *Philosophie zoologique* die Vorstellung, dass ein **gemeinsamer Ursprung aller Lebewesen angenommen** werden kann. Grundlage für seine „Transformationslehre" ist die Annahme, dass erworbene Eigenschaften vererbt werden können.

1830

GEORGE BARON DE CUVIER (1769–1832) gilt als Begründer der **modernen Paläontologie.** Nach seiner „Katastrophentheorie" der Erdgeschichte gab es immer wieder große Katastrophen, bei denen alle Lebewesen ausstarben und anschließend in einem Schöpfungsakt neu erschaffen wurden.

1859

CHARLES R. DARWIN (1808–1882) veröffentlicht in London sein epochales Werk *On the origin of species by means of natural selection, or The preservation of favoured races in the struggle for life*. Schon ein Jahr zuvor hatte Darwin zusammen mit ALFRED R. WALLACE (1823–1913), der unabhängig eine nahezu übereinstimmende Theorie entwickelt hatte, die Grundzüge seiner Evolutionstheorie veröffentlicht.

1866

ERNST HAECKEL (1834–1919) publiziert die *Generelle Morphologie der Organismen*. Der deutsche Zoologe, Philosoph und Freidenker macht die darwinsche Evolutionstheorie in Deutschland bekannt und populär. Gleichzeitig gilt er als einer der **Begründer der Ökologie,** die er wie folgt definiert: *„Unter Oecologie verstehen wir die gesamte Wissenschaft von den Beziehungen des Organismus zur umgebenden Außenwelt, wohin wir im weiteren Sinne alle ‚Existenz-Bedingungen' rechnen können."*

1873

HERMANN MÜLLER (1829–1883) begründet die **Blütenökologie** mit seinem Werk *Die Befruchtung der Blumen durch Insekten und die gegenseitige Anpassung beider*. Er sieht die Insekten als „unbewusste Blumenzüchter", die ihre morphologischen Besonderheiten durch Selektion bei der Konkurrenz um den Nektar entwickelt haben.

1876

ALFRED RUSSEL WALLACE (1823–1913) legt mit seinem Werk *The Geographical Distribution of Animals* den Grundstein zur **Zoogeografie.** Die von ihm vorgenommene Aufteilung der Erde in Faunenregionen gilt im Wesentlichen bis heute.

1877

KARL AUGUST MÖBIUS (1825–1908) prägt in seinem Buch *Die Auster und die Austernwirtschaft,* in dem er die Wechselbeziehungen zwischen den Austern und den anderen Tieren und Pflanzen einer Austernbank darstellt, den Begriff der **Biozönose.**

1898

FRIEDRICH DAHL (1856–1929) ist der erste ökologische Forscher, der fordert, dass statistische Daten durch Experimente und umgekehrt Experimente durch statistische Prüfung abgesichert werden, und dies auch anwendet.

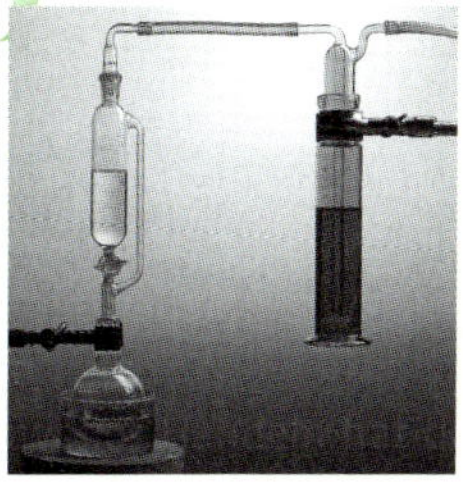

1908

GODFREY H. HARDY (1877–1947) und WILHELM WEINBERG (1862–1937) formulieren die Hardy-Weinberg-Regel, auf der auch mathematische Modellrechnungen zur Wirkung von Evolutionsfaktoren beruhen.

1923

ALDO LEOPOLD (1887–1948) fordert aufgrund seiner Erfahrungen eine **Ethik der Nachhaltigkeit.** Er wendet seine Erkenntnisse bei der Renaturierung eines verlassenen Farmgeländes am Wisconsin-River an.

1925/26

ALFRED JAMES LOTKA (1880–1949) und VITO VOLTERRA (1860–1940) geben populationsökologischen Fragestellungen eine mathematische Basis, die **Lotka-Volterra-Gleichungen.**

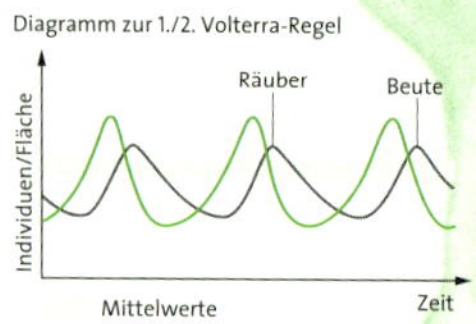

1925/26

AUGUST FRIEDRICH THIENEMANN (1882–1960) begründet die **Limnologie,** die Wissenschaft von den Binnengewässern.

1930–1932

RONALD AYLMER FISHER (1890–1962), SEWALL WRIGHT (1889–1988) und JOHN BURDON SANDERSON HALDANE (1892–1964) veröffentlichen unabhängig voneinander Arbeiten, in denen sie die Vereinbarkeit der mendelschen Vererbungsregeln und der zur Gentheorie weiterentwickelten Chromosomentheorie der Vererbung mit der darwinschen Selektionstheorie deutlich machen.

1935

SIR ARTHUR GEORGE TANSLEY (1871–1955) führt in seinem Aufsatz *The Use and Abuse of Vegetational Concepts and Terms* den Begriff **Ökosystem** in die biologischen Wissenschaften ein. Er betont darin den Systemcharakter der Lebensgemeinschaften in ihrer jeweiligen abiotischen Umwelt.

1937

THEODOSIUS DOBZHANSKY (1900–1975) veröffentlicht sein Werk *Genetics and the origin of species,* das die Widersprüche zwischen genetischen und darwinistischen Vorstellungen auflöst und den **Beginn der synthetischen Theorie der Evolution,** einer Synthese aus Erkenntnissen der Genetik, der Selektionstheorie DARWINS und der mathematischen Behandlung populationsdynamischer Fragestellungen, markiert.

1953

EUGENE PLEASANTS ODUM (1913–2002) veröffentlicht *Fundamentals of ecology.* Kerngedanke ist die Annahme von abgrenzbaren funktionellen Einheiten der Biosphäre, die durch die Interaktion darin enthaltener Organismen und der unbelebten Umwelt bestimmt sind **(Ökosysteme).** Dieses Konzept führt zu einer **ganzheitlichen und interdisziplinären Naturbetrachtung.**

ab 1960

MOTOO KIMURA (1924–1994) entwickelt die **neutrale Theorie der Evolution.** Deren Kernaussage ist, dass Mutationen überwiegend ohne Vor- oder Nachteil für das Individuum und damit neutral für die natürliche Selektion sind. Damit spielen zufällige Ereignisse wie z. B. Gendrift eine viel größere Rolle als solche, die durch Selektion beeinflusst werden.

1962

Die US-amerikanische Biologin Rachel Carson (1907–1964) veröffentlicht ihr aufrüttelndes Buch *Silent Spring*, in dem sie die **Gefahren und Auswirkungen des Pestizideinsatzes** in der Landwirtschaft beschreibt.

1966

Von der International Union for Conservation of Nature and Natural Resources (IUCN) werden die ersten ***Roten Listen gefährdeter Arten*** veröffentlicht und in der Folge jährlich ergänzt.

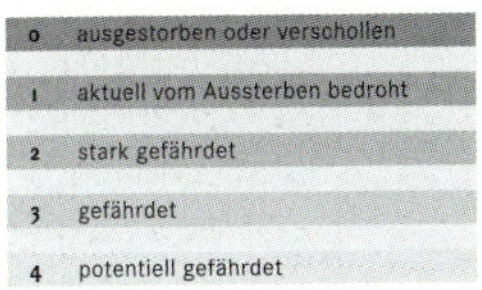

ab 1970

Weiterentwicklung der synthetischen Theorie zu einer **Systemtheorie der Evolution** durch Rupert Riedl (1925–2005) u. a., nach der Organismen offene Systeme im Sinne der Thermodynamik sind, die mit ihrer Umwelt in einem Fließgleichgewicht stehen.
Gleichzeitig Entwicklung der **kritischen Evolutionstheorie** (Wolfgang Friedrich Gutmann 1935–1997, u. a.), nach der Evolution ein durch die Struktur und Organisation der Organismen bestimmter Optimierungs- und Ökonomisierungsprozess ist.

1972

Der **Club of Rome** veröffentlicht *Limits of growth* mit Daten zur **Endlichkeit irdischer Ressourcen** und dem daraus folgenden Hinweis auf die Notwendigkeit einer Wachstumsbegrenzung von Bevölkerung, Wirtschaft, Konsum sowie der Förderung einer Kreislaufwirtschaft.

1975

Edward O. Wilson (*1929) führt mit seinem Werk *Sociobiology – The New Synthesis* den Begriff der **Soziobiologie** für einen Wissenschaftszweig ein, der das Sozialverhalten auf populationsgenetischer, ökologischer und evolutionsbiologischer Grundlage analysiert.

1978

John R. Krebs (*1945) und Nick B. Davies stellen in ihrem Werk *Behavioural Ecology: An Evolutionary Approach* eine enge **Verbindung zwischen Verhalten, Evolution und Ökologie** her.

1983

Mit der Entdeckung der Homöobox-Gene als übergeordnete Regulatorgene bei der Taufliege Drosophila beginnt die **evolutionäre Entwicklungsbiologie** („*Evo-Devo*“).

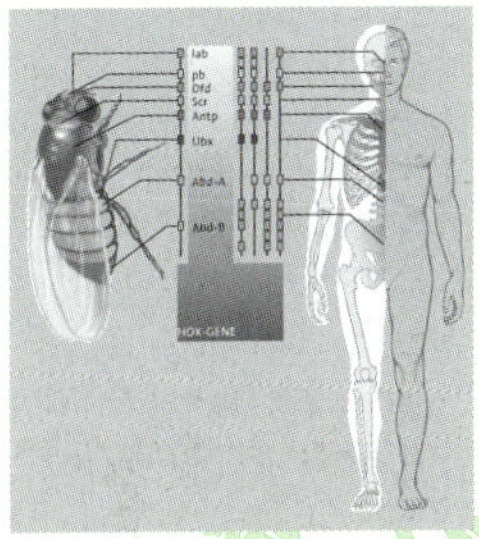

1986

Als wichtiges Teilgebiet der chemischen Ökologie entwickelt sich die **Allelophysiologie,** die den Austausch chemischer Signale zwischen Lebewesen und die Wirkungsweise dieser Signale in den Organismen untersucht.

1991

HERMANN REMMERT (1931–1994) formuliert das **Mosaik-Zyklus-Konzept,** das von einer wiederkehrenden Abfolge (Zyklen) verschiedener Reifestadien (Sukzessionsstadien) von Ökosystemen ausgeht. Innerhalb eines Ökosystems sind verschiedene Sukzessionsstadien auf Teilflächen gleichzeitig anzutreffen (Mosaik). Dieses Konzept trifft vor allem für Waldökosysteme und insbesondere für tropische Regenwälder zu.

1992

Vertreter von 178 Staaten treffen sich zur **Umweltkonferenz in Rio de Janeiro** und einigen sich auf den Grundsatz der nachhaltigen oder dauerhaft-umweltgerechten Entwicklung. Seither spielt der Begriff der **Nachhaltigkeit** (engl. *sustainability*) bei allen ökopolitischen und ökonomischen Fragen eine herausragende Rolle.

2002

STEPHEN JAY GOULD (1941–2002) betont in seinem Werk *The structure of evolutionary theory* die Bedeutung **zwischenartlicher Evolution und die Rolle des Zufalls,** insbesondere auch bei der „Höherentwicklung" der Lebewesen. Er weist darauf hin, dass rein statistisch umso höher entwickelte Lebensformen entstehen können, je länger eine Evolution anhält.

2003

Mit *Homo floresiensis* wird eine erst vor ca. 12 000 Jahren ausgestorbene Art der Gattung *Homo* (Mensch) entdeckt, die vor etwa 100 000 bis 12 000 Jahren auf der indonesischen Insel Flores lebte. Es wird für möglich gehalten, dass es sich bei den Flores-Menschen um direkte Nachfahren von *Homo erectus* handelt.

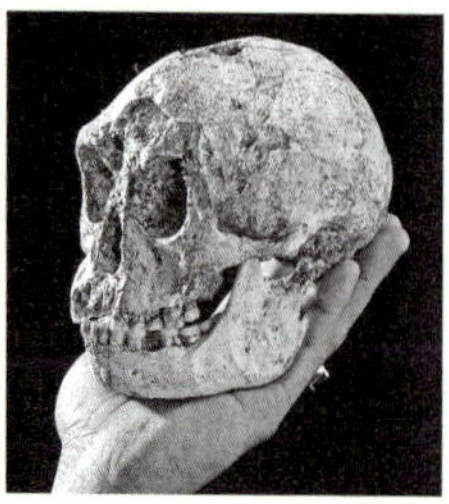

2006

DAVID M. WILKINSON (*1963) stellt in seinem Lehrbuch *Fundamental Processes in Ecology* eine Gliederung der Ökologie vor, in der nicht hierarchische Einheiten (Individuen, Arten, Ökosysteme ...), sondern **Prozesse** (Energieflüsse, Stoffkreisläufe, Kohlenstoffassimilation ...) im Vordergrund stehen.

2006

Ein **molekulargenetischer Stammbaum aller Lebewesen,** der aufgrund von Analysen 31 orthologer Gene (Gene, die auf gemeinsame Ursprungsgene zurückzuführen sind) von 191 Arten aufgestellt wurde, wird publiziert.

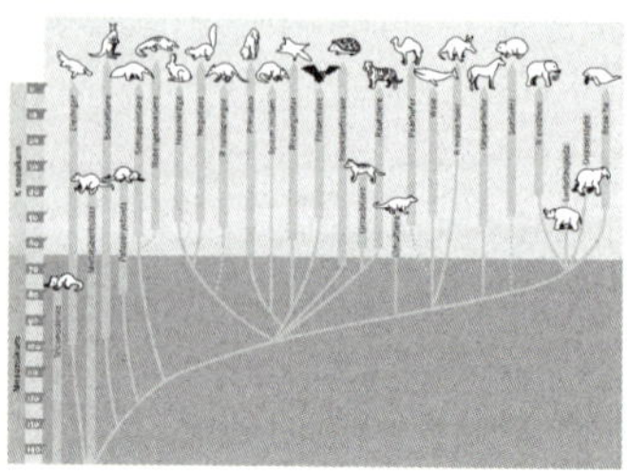

2009

SVANTE PÄÄBO (*1955) vom Leipziger Max-Planck-Institut für evolutionäre Anthropologie und Mitarbeiter publizieren eine erste Version des vollständigen Neandertaler-Genoms.

2010

Ein internationales Forscherteam vom Max-Planck-Institut für evolutionäre Anthropologie in Leipzig findet durch DNA-Sequenzierung eines Fingerknochens aus dem Altai-Gebirge (Sibirien) **eine bislang unbekannte Menschenform,** die dort vor etwa 48 000 bis 30 000 Jahren eventuell parallel zu Neandertalern und dem modernen Menschen lebte.

Register

Textquellennachweis:
S. 14: Manfred Eigen: Der Usprung der genetischen Information. Aus: Evolution. Zufall und Zwangsläufigkeit der Schöpfung. Hg. von Norbert Elsner, Hans-Joachim Fritz, Stephan Robbert Gradstein und Joachim Reitner i. A. der Akademie der Wissenschaften zu Göttingen und der Georg-August-Universität Göttingen. © Wallstein Verlag, Göttingen 2009, S. 99–113.

Abbildungsnachweis:
Bibliographisches Institut, Mannheim: S. 107, 108, 109, 110; Christiane Gottschlich, Berlin: S. 107; Heinz Mahler, Berlin: S. 107; MEV Verlag, Augsburg: S. 108; picture-alliance/dpa, Frankfurt am Main: S. 110